贵州省科学技术基金项目：剑江河枝角类群落变动与水质关系的研究（黔科合J字［2015］2136）
贵州省教育厅自然科学基金项目：都匀市枝角类的多样性及其在水质检测中的应用研究（黔教合KY字[2016]318）
贵州省教育厅普通高等学校南部特色生物资源研发创新团队项目（黔教合人才团队字[2015]68）
黔南民族师范学院一流培育学科建设项目（生物学学科，2017，QNYSSXK2019008）
黔南民族师范学院高层次人才项目：剑江河枝角类多样性及其与水质关系的研究（qnsyrc201501）
黔南州科技计划项目：黔南科合学科建设农字（2018）1号

黔南地区
枝角类初步研究

◎ 黄小娜　著

中国石油大学出版社
CHINA UNIVERSITY OF PETROLEUM PRESS

图书在版编目(CIP)数据

黔南地区枝角类初步研究 / 黄小娜著. --青岛 ：中国石油大学出版社，2019.11

ISBN 978-7-5636-6602-7

Ⅰ. ①黔… Ⅱ. ①黄… Ⅲ. ①枝角目—研究—贵州 Ⅳ. ①Q959.223.08

中国版本图书馆 CIP 数据核字(2019)第 255903 号

书　　名：黔南地区枝角类初步研究
QIANNAN DIQU ZHIJIAOLEI CHUBU YANJIU
作　　者：黄小娜

责任编辑：高建华(电话　0532—86981536)
封面设计：贺　淼

出 版 者：中国石油大学出版社
(地址：山东省青岛市黄岛区长江西路 66 号　邮编：266580)
网　　址：http://www.uppbook.com.cn
电子邮箱：gaojianhua6@163.com
排 版 者：青岛天舒常青文化传媒有限公司
印 刷 者：北京虎彩文化传播有限公司
发 行 者：中国石油大学出版社(电话　0532—86983437，86981536)
开　　本：185 mm×260 mm
印　　张：9.25
字　　数：202 千字
版 印 次：2019 年 11 月第 1 版　2019 年 11 月第 1 次印刷
书　　号：ISBN 978-7-5636-6602-7
定　　价：50.00 元

前言 Preface

枝角类简称“溞类”，是淡水浮游动物的重要组成部分，如微型裸腹溞、老年低额溞及平突船卵溞同属于节肢动物门甲壳纲枝角目溞科，是常见的浮游甲壳纲动物，是淡水食物链中不可缺少的组成部分。由于枝角类营养价值高、干重的粗蛋白含量高、适应性广、生长迅速、繁殖能力强等特点，也是鱼类苗种培育中活饵料的理想对象，还常被作为实验动物。笔者利用四年时间对贵州黔南地区枝角类进行研究并形成了这本专著，希望能为学术界枝角类研究做出一定的贡献。

研究过程中，非常感谢王雨青、林世通、王洪、周昌文、姚伦刚、韦永珊、陈晨、杨铭绒、吴大香、付东琴、吴昌兰、张玉面、陈伟、唐勇、姜福纯、谭芳、罗颖、唐琴、周朝兵等同学对资料的搜集与提供，更感谢黔南民族师范学院文狄、杨继富老师以及生物科学与农学院领导和同事们的鼓励与支持，是他们的辛勤付出本著作才得以顺利完成。

本著作在枝角类研究方面由于采集样点涉及范围有限，数据分析不够全面，难免存在一些不足之处，还望社会各界人士给予批评指正，在此表示万分的感谢！

编　者

2019 年 10 月

目录 Contents

不同水质对淡水枝角类生长发育的影响

前　言

枝角类(Cladocera),简称“溞类”,是淡水浮游动物的重要组成部分,如微型裸腹溞、老年低额溞及平突船卵溞同属于节肢动物门甲壳纲枝角目溞科,是常见的浮游甲壳纲动物。[1]枝角类是淡水食物链中不可缺少的组成部分。[2]由于枝角类营养价值高,干重的粗蛋白含量能达到55%,适应性广,生长迅速,繁殖能力强等特点,成为鱼类苗种培育中活饵料的理想对象。[3]目前关于这三种枝角类的研究国内外已有很多,温度、食物、光照等因素对这三种溞的生长与生殖的影响的研究报道较多一些。[2,4-7]在枝角类的生长发育中,水质起着至关重要的作用。目前有关不同水质对不同溞类的生长影响的研究报道不多,且集中于对几种大型枝角类对水质的适应性研究[8],但是所选用的枝角类都不同于本文,研究的目的也不同。另外,也有人对不同水质对同一种溞的生长与生殖的影响进行研究,但比较零星。[9]本文对微型裸腹溞、老年低额溞和平突船卵溞三种枝角类在农夫山泉饮用天然山泉水(简称“农夫山泉”)、冰露饮用纯净水(简称“冰露”)、多彩贵州饮用生态山泉水(简称“多彩贵州”)、康师傅饮用矿物质水(简称“康师傅”)、娃哈哈饮用纯净水(简称“娃哈哈”)5种饮用水中的生长进行研究,探讨比较了同一种溞在不同水质中的生长及不同种溞在同一种水质中的生长状况。本实验的目的是找出最有利于淡水枝角类生长的水体,使淡水枝角类大量繁殖,以促进水产养殖业的发展。通过分析日常生活中非常典型的一些饮用水的各种组成成分,从而找到最适合水生生物生活的水体,筛选出最适合溞类动物生长的实验用水,为实验室淡水枝角类培养使用最安全和最佳的实验用水提供科学依据。

1　材料与方法

1.1　实验材料

枝角类:本实验所用的微型裸腹溞、老年低额溞及平突船卵溞均采自都匀市雨花湖湿地公园湖水，为了保持生理上的一致性，从采集到的标本中选择一些生命力强、发育正常的怀卵雌体进行预先培养，然后取子二代进行正式培养。[9-10]

实验用水：培养枝角类所需的饮用水分别为农夫山泉、冰露、多彩贵州、康师傅、娃哈哈。

1.2 实验方法

培养的环境温度都是一致的，即在同样的离心管(7 mL)中、25 ℃(±0.5 ℃)条件下培养，每种水质分别培养同种枝角类且体长相差不大的溞三只，如所取微型裸腹溞样的体长为0.65～0.78 mm。此培养溞类实验条件为通风有光，不添加任何食物，每隔1 d更换一次水，水一般加到试管2/3处，每天定时测量体长并记录龄期(蜕壳一次体长增长一次，为一个龄期)，记录表格见表1。如果在某一种水质中活过5 d以上的溞类死亡，则可以结束培养；如果溞类没有死亡，则继续培养直至死亡；若溞类没有活过5 d，就需要重新补充并培养至数据完整。最后通过计算比较，筛选出几种最适合溞类生长的实验用水。

表1 不同水样中淡水枝角类生长的体长记录

体长/mm 天数/d	农夫山泉			冰露			多彩贵州			康师傅			娃哈哈		
	1	2	3	1	2	3	1	2	3	1	2	3	1	2	3
1															
2															
3															
…															

2 结 果

淡水枝角类的生长是不连续的，一般只在蜕壳后的瞬间发生，蜕一次壳体长增长一次，为一个龄期。最适合微型裸腹溞、老年低额溞、平突船卵溞生长的水质各不相同。

2.1 微型裸腹溞在5种饮用水质中的生长情况

微型裸腹溞在农夫山泉、冰露、多彩贵州、康师傅、娃哈哈5种水质中的体长随生长天数增加而变化(如图1所示)。微型裸腹溞在5种水质中体长的增长不同，最大体长为在农夫山泉和多彩贵州中的1.07 mm。微型裸腹溞在另外3种饮用水质中最大体长分别是娃哈哈中的0.93 mm、冰露中的0.91 mm、康师傅中的0.86 mm。

微型裸腹溞在5种水质中的龄期和体长的关系如图2所示。微型裸腹溞在几种水质中生长龄期最多为4个，且只在农夫山泉中出现第4龄期，第4龄期的最大体长为(1.06±0.02)mm。微型裸腹溞在其余4种水质中均只有3个龄期，在多彩贵州中最大体长在第 3 龄期且为(1.02±0.06)mm,在冰露中最大体长在第 3 龄期且为(0.89±0.03)mm,在娃哈哈中最大体长也在第 3 龄期且为(0.88±0.06)mm,在康师傅中最大体长在第 2 龄期且为(0.83±0.03)mm。

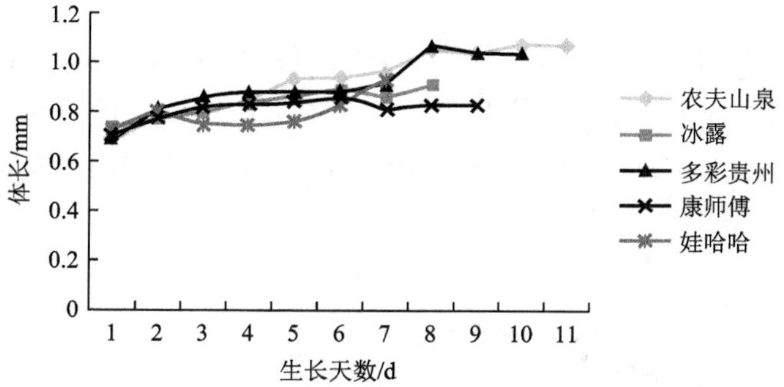

图 1　微型裸腹溞在不同水质中体长与生长天数的关系

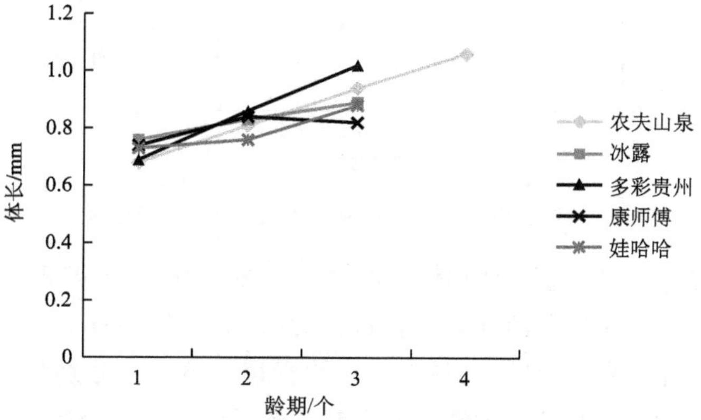

图 2　微型裸腹溞在不同水质中体长与龄期的关系

从图 3 中可以清楚看出,微型裸腹溞在不同水质中的寿命长短关系,在农夫山泉中存活时间最长是 11 d,其次是在多彩贵州中的 10 d、康师傅中的 9 d、冰露中的 8 d、娃哈哈中的 7 d。

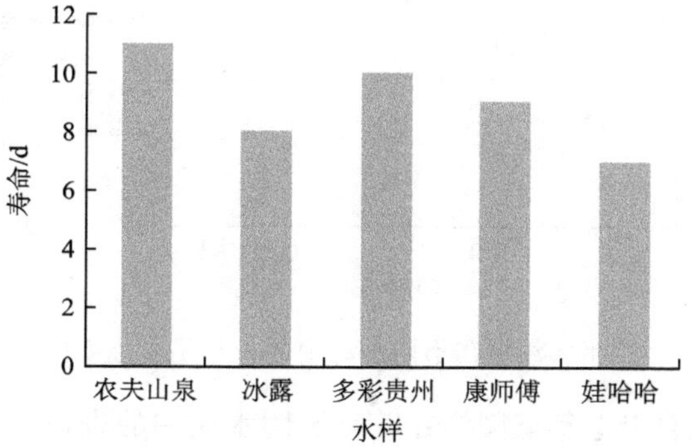

图 3　微型裸腹溞在不同水质中寿命的比较

综合图 1、图 2、图 3 可以选出 5 种水质中最适合微型裸腹溞实验室培养的是农夫山泉，多彩贵州也可用于微型裸腹溞的培养。

2.2 老年低额溞在 5 种饮用水质中的生长情况

老年低额溞在农夫山泉、冰露、多彩贵州、康师傅、娃哈哈 5 种水质中的体长随生长天数增加而变化(如图 4 所示)。老年低额溞在 5 种水质中体长的增长不同，最大体长是在多彩贵州中的 0.88 mm、娃哈哈中的 0.86 mm，其次是在农夫山泉中的 0.83 mm、康师傅中的 0.77 mm、冰露中的 0.72 mm。

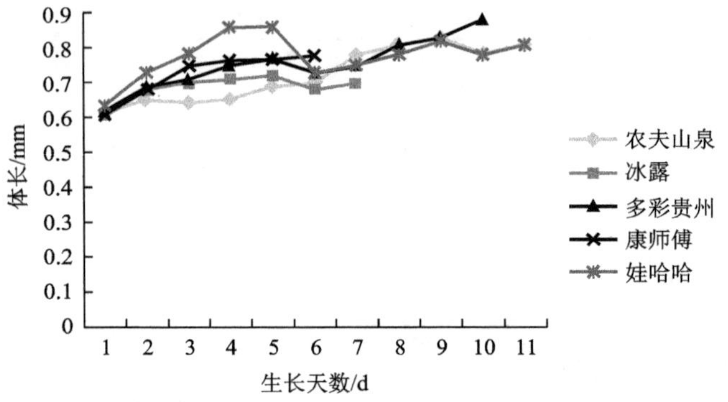

图 4　老年低额溞在不同水质中体长与生长天数的关系

老年低额溞在 5 种水质中龄期和体长的关系如图 5 所示：老年低额溞在娃哈哈中生长的龄期最多，为 4 个，在第 3 龄期时体长最大为(0.86±0.09)mm；在多彩贵州和农夫山泉中的老年低额溞均有 3 个龄期，最大体长均在第 3 龄期且分别为(0.85±0.04)mm 和(0.81±0.03)mm；在康师傅和冰露中的老年低额溞都只有 2 个龄期，最大体长均在第 2 龄期且分别为(0.77±0.01)mm 和(0.71±0.02)mm。

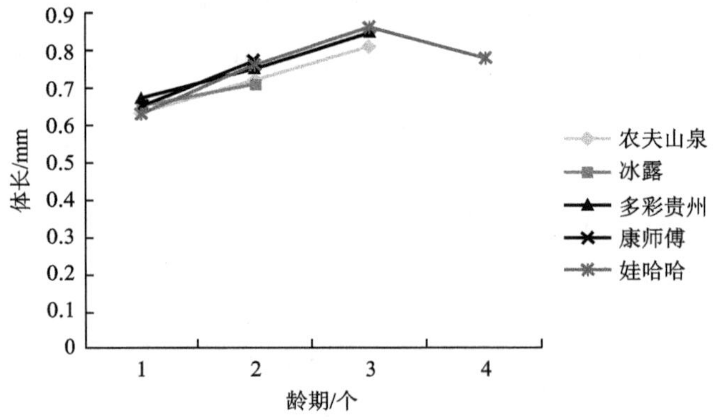

图 5　老年低额溞在不同水质中体长与生长龄期的关系

从图 6 中可以清楚看出老年低额溞在 5 种不同水质中的寿命长短关系，在娃哈哈中存活时间最长为 11 d，其次是在农夫山泉和多彩贵州中的 10 d、冰露和康师傅中的 7 d 和 6 d。

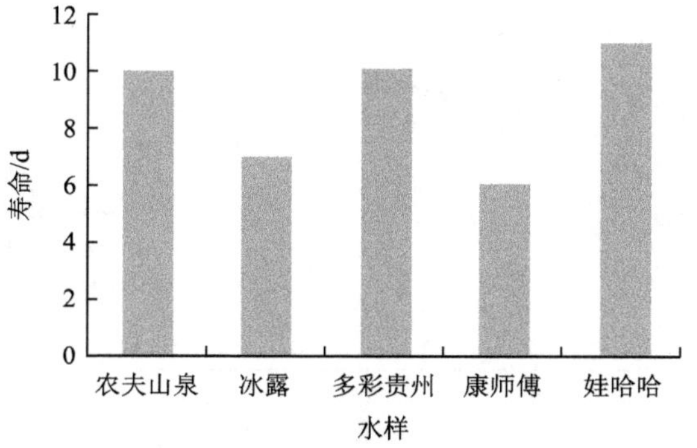

图 6　老年低额溞在不同水质中寿命的比较

综合图 4、图 5、图 6 可以选出 5 种水质中最适合老年低额溞生长发育的实验室用水是娃哈哈，其次为多彩贵州。

2.3　平突船卵溞在 5 种饮用水质中的生长情况

平突船卵溞在农夫山泉、冰露、多彩贵州、康师傅、娃哈哈 5 种水质中的生长天数及体长如图 7 所示，平突船卵溞在 5 种水质中体长的增长不同，最大体长是在冰露中的 0.62 mm，其次为康师傅中的 0.6 mm，再次为娃哈哈中的 0.57 mm、多彩贵州中的 0.56 mm、农夫山泉中的 0.47 mm。

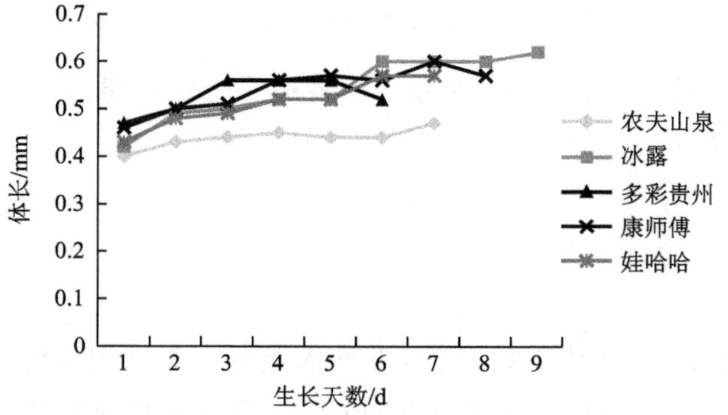

图 7　平突船卵溞在不同水质中体长与生长天数的关系

平突船卵溞在 5 种水质中龄期和体长的关系如图 8 所示：平突船卵溞在冰露和娃哈哈中的龄期最多且为 3 个，在冰露中最大体长出现在第 3 龄期且为(0.61±0.03)mm，在娃哈哈中最大体长也出现在第 3 龄期且为(0.57±0.00)mm；平突船卵溞在康师傅中只有 2 个龄期，在第 2 龄期时体长为(0.57±0.02)mm；平突船卵溞在其余 2 种水中都是在第 2 龄期出现最大体长，分别是多彩贵州中的(0.56±0.02)mm、农夫山泉中的(0.45±0.01)mm。

从图 9 可以看出平突船卵溞在 5 种不同水质中的寿命长短关系，在冰露中寿命最长为 9 d，其次是在康师傅中的 8 d、农夫山泉和娃哈哈中的 7 d、多彩贵州中的 6 d。

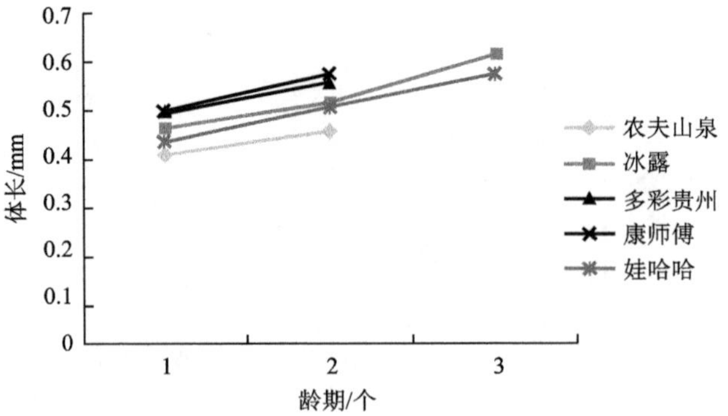

图 8　平突船卵溞在不同水质中体长与生长龄期的关系

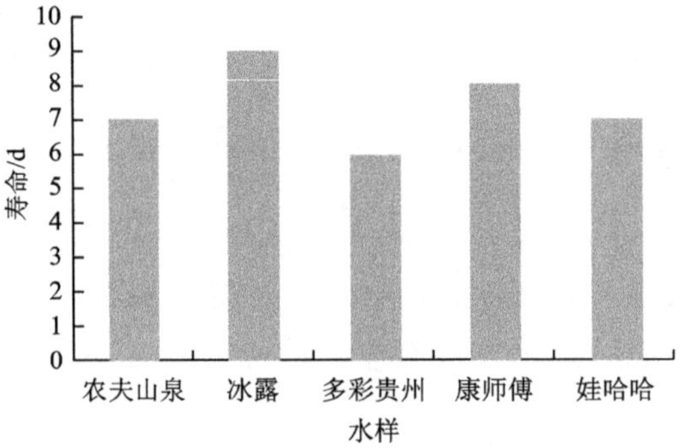

图 9　平突船卵溞在不同水质中寿命的比较

综合图 7、图 8、图 9 可以选出 5 种水质中最适合平突船卵溞生长发育的实验室用水是冰露，其次是康师傅。

3　讨　论

三种溞均是生活在淡水中的枝角类，五种水质分别为饮用天然泉水农夫山泉、饮用生态山泉水多彩贵州、饮用纯净水冰露和娃哈哈、饮用矿物质水康师傅。山泉水、纯净水、矿物质水所含元素均不同，其加工处理水的工艺也有区别。[11] 山泉水以地表或地下水为原料水，取之天然且含有有益的微量元素，天然弱碱性；纯净水的原料水等同于自来水，加工后无菌也无有益的微量元素，不宜长期饮用；矿物质水的原料水也是自来水，在纯净水的基础上，人工添加矿物质，呈弱酸性，但人工添加的矿物质无法像天然的矿物质一样被人体细胞吸收。[12]

五种水质中即使含有有益的微量元素，但是溞类的生长发育主要依靠食物中的营养，本次实验除水外没有添加任何食物。在实验中三种溞类均出现体长减小又回增的现象，这可能是由于 2～3 d 换一次水，中间没有加入食物的原因，也因为没有食物，所有溞类都没有生长到繁殖的成龄期，均没有产卵现象发生。以下就对同一种溞类在五种不同水质中的生长和不同种溞类在同种水质中的生长加以讨论。

3.1 同一种溞类在5种不同水质中的生长

微型裸腹溞喜生活在富营养型的水质中，池塘和间歇性小水域中也较常见。[1,4]本次实验所得结果表明，农夫山泉和多彩贵州最适合微型裸腹溞在实验室的培养，其他三种饮用水质均不适合其生长。所以可以得到以下结论，营养高的山泉水比纯净水和矿物质水更适合微型裸腹溞生长。老年低额溞喜在水草茂密、泥土较深厚的湖岸边和池塘里生活，通常用它的游泳刚毛攀附在水草上而不在水域中心漂浮。其对营养的要求略低于微型裸腹溞，所以在娃哈哈中生长状况最好，其次是在多彩贵州中生长良好，但在其他三种水质中生长均不理想。[13]平突船卵溞常漂浮在湖泊、池塘及稻田等水的表层，适应能力较强[1]，对于水的营养要求也没有微型裸腹溞那么高，冰露和康师傅（弱酸性）都适合其生长，其余三种水中生长状况都不理想。

3.2 不同的溞类在同一种水质中的生长

在五种水质中天然泉水的营养高于纯净水和矿物质水，微型裸腹溞对水质营养的要求高于老年低额溞和平突船卵溞。微型裸腹溞在农夫山泉和多彩贵州中生长良好，其次是老年低额溞，两种水质不适合平突船卵溞生长。冰露和娃哈哈都是饮用纯净水：冰露最适合平突船卵溞生长，不适合微型裸腹溞和老年低额溞生长；娃哈哈最适合老年低额溞生长，平突船卵溞次之，不适合微型裸腹溞生长。这种结果可能是因为两种纯净水来自不同的生产厂家，对水的加工处理过程有差异，水样对溞类生长的适应性也会有所不同。康师傅饮用矿物质水最适合平突船卵溞生长，不适合微型裸腹溞和老年低额溞生长。总的来说，矿物质水对三种溞类的生长都不理想，人工添加的矿物质对溞类没有多大作用，反之还可能影响其生长发育。

参 考 文 献

[1] 蒋燮治，堵南山．中国动物志·淡水枝角类［M］．北京：科学出版社，1979.

[2] 黄祥飞．三种淡水枝角类生物学的研究［J］．海洋与湖沼，1985(3)：188-195.

[3] Duchet C，Caquet Th，Franquet E，et al. Influence of environmental factors on the response of a natural population of *Daphnia magna* (Crustacea：Cladocera) to spinosad and Bacillus thuringiensis israelensis in Mediterranean coastal wetlands［J］. Environmental Pollution，2010，158：1 825-1 833.

[4] Saint-Jean L，Bonou S J. Growth，production，and demography of *Moina micrura* in brackish tropical fishponds (Layo，Ivory Coast)［J］. Hydrobiologia，1994，272(1)：125-146.

[5] Nandini S, Sarma S S S. Population growth of some genera of cladocerans (Cladocera) in relation to algal food (Chlorella vulgaris) levels [J]. Hydrobiologia, 2003, 491(1): 211-219.

[6] Huang X N, Kotov A A, Shi X L, et al. Confirmation through genetic analysis of the existence of many local phyloclades of the genus *Simocephalus* (Crustacea, Cladocera) in China [J]. PLos One, 2014, 9(11): e112808-e112808.

[7] Huang X N, Shi X L, Xu S, et al. Life history characteristics of *Macrothrix rosea* (Jurine, 1820) (Cladocera, Macrothricidae) in laboratory conditions [J]. Journal of Limnology, 2011, 70 (2): 248-254.

[8] 任文彬. 几种常见大型枝角类对水质的适应性和控藻能力比较研究[D]. 武汉：华中师范大学，2014.

[9] 施心路，齐彩花，刘桂杰，等. 温度对喜马拉雅低额溞生长与生殖的影响[J]. 水生生物学报，2010，34(4)：794-805.

[10] 王如平，徐家铸. 温度对微型裸腹溞(*Moina micrura*)发育和生长的影响[J]. 南京师范大学学报(自然科学版)，1989，12(3)：75-80.

[11] 王旭波，王晓鹏. 纯净水、矿泉水与一般饮用水是怎么生产加工的[J]. 产品可靠性报告，2006(4)：40.

[12] 高亚峰. 天然矿泉水与其他水的区别及其保健作用[J]. 北京地质，2001(3)：43-45.

[13] 杨四秀. 枝角类繁殖生物学研究概况[J]. 水利渔业，2004，24(4)：12-22.

角突网纹溞的生活史研究

前　言

枝角类属于浮游动物，归于节肢动物门（Arthropoda）甲壳动物纲（Crustasea）鳃足亚纲（Branchiopoda）双甲目（Diplostraca）枝角亚目（Cladocera），俗称红虫或鱼虫。[1-2]

枝角类中有很多种类生活在水流比较缓慢、水质肥沃的湖泊、水库下游或池塘，具有繁殖快、种类多、生长良好等特性，是淡水体浮游生物中的优势种。[1]枝角类在寒带、温带和热带都有分布，对恶化环境抵抗力强，枝角类在数量上和溶氧相关，有昼夜垂直移动的变化。[3]

近些年，生态学系统研究飞速发展，带动了许多生物领域的发展，故枝角类也成了重要的研究对象。目前，我国在枝角类生物学研究内容方面主要有枝角类的营养价值、水质净化作用、药物微量测定、繁殖、育种与变异等。[4-7]有关网纹溞属（*Ceriodaphnia*）领域的研究主要涉及方形网纹溞的生长、生殖[8]及毒性毒理研究[9]，对角突网纹溞的研究侧重于其作为饵料的可行性[10]及其对藻类生长的影响[11]等。为了解并掌握淡水环境下枝角类生殖与生长规律，通过对都匀地区淡水角突网纹溞的整个生活史进行研究，记录其龄期、寿命、怀卵等生活状况，直至死亡，为以后深入了解该动物及本地区浮游动物枝角类的生物特征提供依据。

1　材料和方法

1.1　标本的采集

从 2015 年 5 月初至 7 月底，笔者通过对都匀市周边湖泊、河流、池塘、水沟等淡水主要浮游水生生物枝角类生活环境状况进行调查，确定把都匀市以及周边的地域作为采集地，包括黔南民族师范学院人工湖、剑江河以及高铁东站、灵智广场、西南特产城、帝景豪园、华馨湾、彩虹桥（客运站）、文峰园（二小）、都匀南站（云宫花城）等地点的水体，共涉及 10 个采样点的 35 份样品，角突网纹溞主要采自都匀市高铁东站和灵智广场附近水体。

从 2015 年 5 月初开始，采用水生生物学的采样方法，使用 64 μm 浮游生物网自水下

1 m 开始至水面,自左侧 1 m 至右侧 1 m,把拖捞到的浮游生物过滤,装进事先准备的采集瓶里,并在采集地测定 pH、水温等水体参数。

1.2 实验材料的培养

对采集得到的实验材料,在显微镜下仔细辨认、区别种类,挑选目标中的标本,拍摄图片。选择生长状况良好、怀卵量多的样品。一部分样品作为实验观察材料进行实验前的分离驯化培养,并将同胎刚产出的子代分别放入 10 个容量均为 10 mL 的离心管中,每个离心管放入 1 只,每天换水及饲以绿藻,以确保氧气和食物充足;一部分样品放于实验室特定的地方培养备用。

对于同胎子代角突网纹溞的培养,具体做法如下:从采集到的样品中,选怀卵多的母体数只预先培养,将同一母溞体产出的子代放入 10 mL 的离心管中培养,实验用 10 只同条件下[(26±2)℃,pH=(7.30±0.06)]单独培养。根据角突网纹溞原来所生活的水体环境特性,可用与原水体相似的黔南民族师范学院雨花湖上游的水作为培养用水,自培养之日起每天换一次水。经 256 μm 的纱布过滤,第一天用 70%的原过滤水加 30%的培养用水,第二天用 40%的原过滤水加 60%的培养用水,第三天全部换成培养用水。第四天乃至以后,第一次、第二次换水,每隔一天倒掉一半的水,加培养用水一半(方法:除去一半上清液,加培养用水后混匀,再用吸管把角突网纹溞放进 10 mL 离心管里,然后观察确定角突网纹溞是放进 10 mL 离心管里,而不是在吸管里或者死掉)。第三次换水,把培养器皿里的水都倒掉,加入新的培养用水。第四次、第五次同第一次,第六次换水同第三次,以此类推。培养期间,每天加两滴绿藻,当全部换水时加三滴绿藻。为确保数据的准确性,每天对溞体进行一次检查,观察其生长、生活状况。[2]

1.3 标本的检测

1.3.1 显微观察

每日用吸管吸取角突网纹溞虫体样品置于准备好的载玻片上,然后把带有标本的载玻片放置于显微镜下观察角突网纹溞虫体蜕壳情况,即每龄期(以蜕壳次数为依据)测量其体长,计算其怀卵量(角突网纹溞的怀卵量往往为偶数,故从侧面数其卵量再乘以 2 则得出角突网纹溞的怀卵量)、所生的后代数、寿命,观察其外部形态等并记录,直至培养对象全部死亡。

角突网纹溞体的外部形态基本包括:① 整体形状:身体大小、颈沟的有无、胖与瘦、圆与钝及其后背角形状。② 头部:头顶的形状(浑圆或尖突、额顶上有无小刺),复眼和单眼的形状及大小,吻的长短和大小,第一触角及其上的嗅毛、触毛,第二触角及其上的游泳刚毛等。③ 后腹部的形状、后肛角的形状、尾部肛刺的个数等。[12]

1.3.2 显微拍照

采用 Nikon80i 荧光显微镜对角突网纹溞进行活体整体或局部形态拍照。在荧光显微镜下操作,先将置于载玻片上的角突网纹溞虫体周围的水尽可能地吸至虫体活动变慢甚至不动时为止，在保证角突网纹溞不会干死的情况下，将带有角突网纹溞虫体的载玻片置于显微镜下，固定好。打开显微摄像系统进行整体和局部拍照。

1.4 数据处理

通过实验得出数据后，经过处理并使用加权平均值公式：

$$(w_1+w_2+\cdots+w_n)/n$$

式中，w_n 代表 n 个数据中的某个数值。

标准差公式：

$$\sigma=\sqrt{\frac{\sum_{i=1}^{N}(X_i-\mu)^2}{\mu}}$$

式中，X_i 表示 N 个数据中对应的某个值，μ 代表 N 个数值的平均值，加上表格和坐标曲线图来表述角突网纹溞的龄期、体长、怀卵量等规律。

2 结　果

生活史是指一个生物从出生到死亡的过程。[1]在实验室里，温度为(26±2)℃、pH 为(7.30±0.06)的拟自然环境淡水条件下，喂以绿藻，标准为 10 mL 加 2 滴。角突网纹溞的整个生活史平均有 3.7 个幼龄期、12 个成龄期、1.4 个老龄期，总平均龄期为(17.1±2.12)个，最长龄期为 19.22 个。最长龄期对应的体长平均为(1.15±1.07)mm。总平均寿命为(38±5)d，最长寿命为 43 d。寿命对应的总平均体长为(0.95±0.03)mm。总平均怀卵量为(2.18±0.42)个，累计怀卵量为 54.70 个，最多怀卵量为 10 个。最多怀卵量对应的龄期为 14 龄期(第 10 成龄期)。角突网纹溞的龄期、平均体长、平均怀卵量、存活率见表 1。

表 1　拟自然生境条件下角突网纹溞各龄期的平均体长、平均怀卵量和后代存活率

龄期/个	平均体长/mm	平均怀卵量/个	后代存活率/%
1	0.45±0.04	—	—
2	0.56±0.06	—	—
3	0.67±0.06	—	—
4	0.80±0.08	4.67±0.94	50
5	0.91±0.03	4.60±1.34	72
6	0.92±0.04	3.60±1.50	67
7	0.94±0.03	2.20±0.54	73
8	0.96±0.07	3.00±1.34	77
9	1.00±0.05	3.00±1.61	73
10	1.00±0.05	3.20±0.98	78

续表

龄期/个	平均体长/mm	平均怀卵量/个	后代存活率/%
11	1.01±0.04	2.40±1.20	75
12	1.03±0.05	3.80±2.44	82
13	1.03±0.03	2.11±0.74	71
14	1.05±0.04	2.75±0.97	64
15	1.06±0.05	3.20±0.98	69
16	1.08±0.05	4.00±7.55	81
17	1.08±0.04	3.50±1.66	57
18	1.08±0.05	2.67±0.94	62
19	1.08±0.05	2.00±0.00	25
20	1.11±0.04	2.00±0.00	50
21	1.15±1.07	2.00±0.00	50
累计怀卵量/个		54.70	

2.1 显微照片

角突网纹溞体呈卵圆形，侧扁，无色透明或者淡棕色，壳瓣多角形，清晰，后背角显著凸起，后腹角浑圆，尾刚毛长，第二触角很长，壳弧不发达，弯曲呈S形。

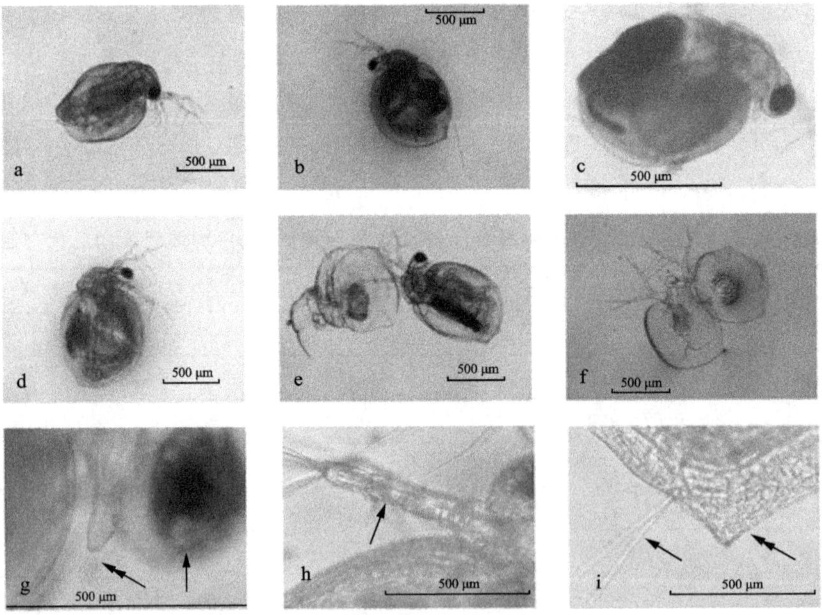

图1　角突网纹溞的显微图

a. 未怀卵的角突网纹溞；b～c. 怀卵中的角突网纹溞；d. 角突网纹溞母体内的卵已发育成幼溞体；e. 刚完成蜕壳的角突网纹溞；f. 角突网纹溞的整体壳；g. 复眼（单箭头所指）及第一触角（双箭头所指）；h. 第二触角（单箭头所指）；i. 尾部的后背角（双箭头所指）及尾刚毛（单箭头所指）

2.2 孤雌生殖

春末夏初，角突网纹溞未受到重大环境变化影响，仍进行孤雌生殖（parthenogenesis），亦称单性生殖，即卵细胞未经过受精也能发育成正常的新个体。[1] 角突网纹溞亦是孤雌生殖，一般 2 d 产一次后代，一次怀卵量约为（2.18±0.42）个，最大怀卵量为 10 个，最大怀卵量对应的龄期为 14 龄期（第 10 成龄期）。

2.3 体长、怀卵量与龄期的坐标图

2.3.1 体长与龄期

角突网纹溞每蜕一次壳，即每过一个龄期，其体长就增长一次，体长与龄期接近正比关系，得出的结果如图 2 所示。

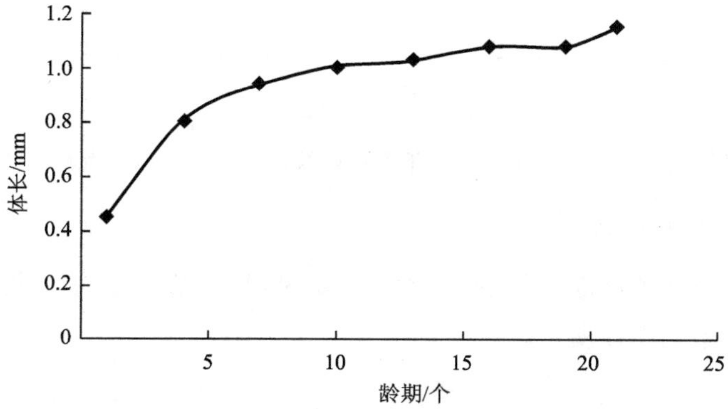

图 2 拟自然生境条件下角突网纹溞体长与龄期的关系

2.3.2 生殖量（怀卵量）与龄期

枝角类的生殖量是指孤雌生殖雌溞体所怀的夏卵的数量。有性生殖怀的卵（冬卵，一般在春夏季节不太可能有；滞育卵，给出的环境条件适宜枝角类生长，出现此种卵的概率很小）极少，是不能够代替生殖量的。角突网纹溞平均有 3 个幼龄期，从第 4 龄期开始怀卵，随着龄期的增长，角突网纹溞的怀卵量逐渐减少，怀卵量与龄期的关系如图 3 所示。

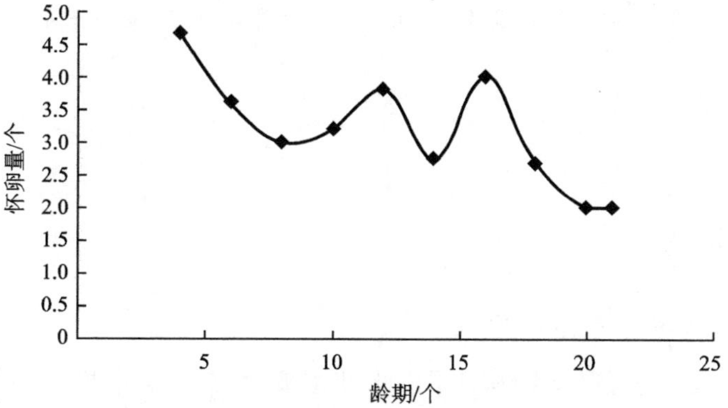

图 3 拟自然生境条件下角突网纹溞怀卵量与龄期的关系

2.4 体长、怀卵量与寿命(天数)的关系

2.4.1 体长与寿命

角突网纹溞的体长增长与其寿命,即天数成正比,结果如图 4 所示。

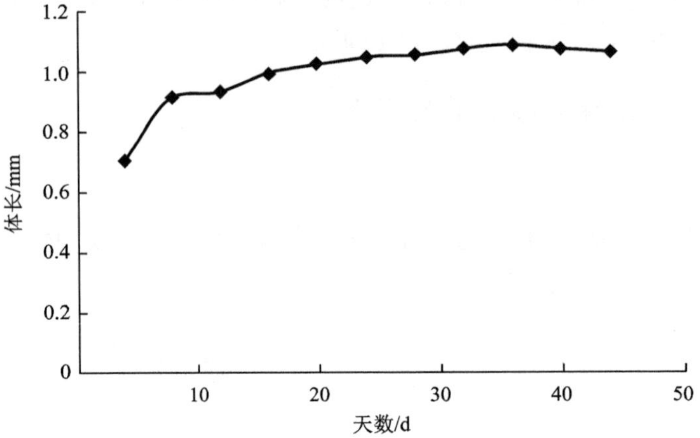

图 4 拟自然生境条件下角突网纹溞体长与天数的关系

2.4.2 怀卵量与寿命

总体来看,角突网纹溞随着培养天数的增多,怀卵量基本呈先增多后减少直至怀卵期结束的趋势,结果如图 5 所示。

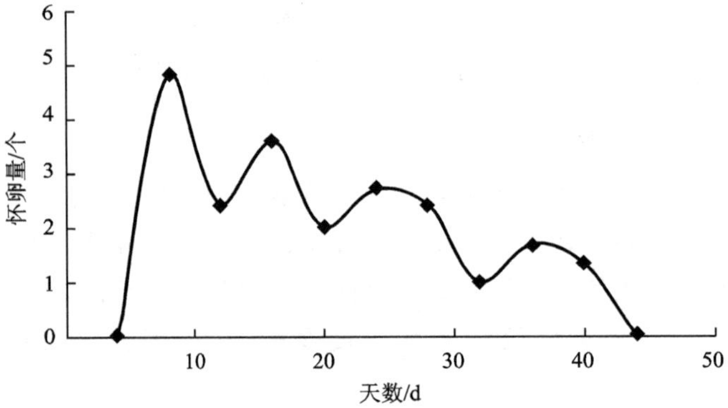

图 5 拟自然生境条件下角突网纹溞怀卵量与天数的关系

3 讨 论

3.1 形态方面

3.1.1 不同属溞体形态的比较

不同属溞体,其大小、形态结构不同,此处主要比较所采集样品中的 3 种小型枝角

类:网纹溞属中的角突网纹溞(*Ceriodaphnia cornuta*)、尖额溞属中的矩形尖额溞(*Alona rectangular*)和船卵溞属中的平突船卵溞(*Scapholeberis mucronata*),三者形态特征的不同,见表 2。

表 2 角突网纹溞、矩形尖额溞和平突船卵溞的形态特征

物种特征	角突网纹溞	矩形尖额溞	平突船卵溞
体长/mm	0.45～0.51	<0.50	约 1.20
体形	卵圆形,侧扁	近矩形,侧扁	近乎长方形,有些侧扁
壳瓣	多角形	纵纹	腹缘呈平直
后背角	向后尖突成 1 端壳刺	浑圆	浑圆
后腹角	浑圆	浑圆	向后延伸为壳刺
肛刺/个	5～7	10 以下	5～6

3.1.2 同属溞体形态特征的比较

同属溞体中的不同种溞体在生殖、大小、寿命和形态特征等方面也有所不同。该文主要比较网纹溞属中角突网纹溞、美丽网纹溞和宽尾网纹溞三者的雌性形态特征,详见表 3。[1]

表 3 角突网纹溞、美丽网纹溞和宽尾网纹溞的形态特征的比较

网纹溞属特征	角突网纹溞	美丽网纹溞	宽尾网纹溞
体长/mm	0.45～0.51	0.45～0.56	0.60～0.90
额顶	凸起	圆	圆
壳瓣	背缘和腹缘弓起	网纹不太清晰	腹缘比背缘更凸出,沿缘有一列刚毛
吻	无吻	无吻	无吻
肛刺/个	5～7	约 10	7～10

3.2 生长特性

角突网纹溞和其他大多数溞类一样,为间歇性生长,即生长与蜕壳交替进行。身体每蜕一次壳,体长就增加一次,在接近老龄前生长的速度逐渐降低。在一定温度条件下,温度越高,蜕壳所需要的时间就越短。[2]

其幼龄期摄入体内的食物转化成的能量几乎全部用于生长,至成龄时其所摄入体内的营养物质则主要转换用于生殖。[2] 所以到成年期时生长速度明显变缓,而产卵量则逐渐升高,一般到中龄期产卵量达到最高,之后逐渐下降,到老龄期已不能怀卵。角突网纹溞接近末龄期时因身体呈现明显的衰老现象,致使其身体逐渐停止生长,并在最后的一或二溞龄时出现负增长现象。角突网纹溞一生中大约有 17 个龄期,寿命约 38 d。

3.3 实验数据

本次得出的实验数据不理想，具体为：体长增长规律不明显；开始时，怀卵量应随龄期或天数增加而逐渐增高，怀卵量应在中龄期或寿命中期达最高，后随着身体衰老怀卵量逐渐减少，直至结束，而由实验得出的实验数据做出的曲线图呈波浪线严重。角突网纹溞单独培养在 10 mL 离心管中，给予足够的绿藻，没有种群密度竞争，没有天敌，湿度和温度适宜，光照时间一定，可以说是在比较理想的环境条件下，故而其存活率应为 1。但从实验过程和数据处理来看，存活率并没有达到 1，说明实验给予的理想条件实际上并未达到角突网纹溞所需的最佳生活环境条件。可能的影响因素有食物、光、水、温度和 pH 等。如放置在实验室中的绿藻不新鲜，影响到溞体正常的食物消化，导致营养不良；实验室中的光线较自然界而言，无论白天或黑夜都暗得多，引起生理代谢紊乱。

参考文献

[1] 蒋燮治，堵南山. 中国动物志·淡水枝角类[M]. 北京：科学出版社，1979.

[2] 施心路，齐彩花，刘桂杰，等. 温度对喜马拉雅低额溞生长与生殖的影响[J]. 水生生物学报，2010，34(4)：794-805.

[3] 胡旭仁，聂雪，兰志春，等. 南昌月亮湖夏季浮游动物昼夜垂直分布及迁移特征[J]. 水生态学杂志，2016，37(5)：23-32.

[4] 胡锦婷. 长江中下游地区微型裸腹溞遗传多样性的研究[D]. 合肥：安徽大学，2019.

[5] 任文彬. 几种常见大型枝角类对水质的适应性和控藻能力比较研究[D]. 武汉：华中师范大学，2014.

[6] 陈宏健，谢松，李理想，等. 一种基于干扰肌动蛋白基因导致方形网纹溞(*Ceriodaphnia quadrangula*)死亡的 RNA 干扰(RNAi)模型构建[J]. 海洋与湖沼，2014，45(2)：322-327.

[7] 刘琪. 长江中下游地区水体中盔形溞的遗传多样性和微进化研究[D]. 淮北：淮北师范大学，2019.

[8] 吉聪聪，杨雪，陈宏健，等. 温度与 pH 对方形网纹溞生长及生殖的影响[J]. 天津师范大学学报(自然科学版)，2015，35(3)：105-108.

[9] 庄德辉. 重金属对方形网纹溞的毒性研究[J]. 重庆环境科学，1996(1)：47-50.

[10] 董旭峰，宋祥甫，周文宗，等. 角突网纹溞和蚤状溞作为泥鳅开口饵料的可行性研究[J]. 淡水渔业，2014，44(5)：78-94.

[11] 杨州，孔繁翔，史小丽，等. 角突网纹溞培养滤液对铜绿微囊藻和栅藻形态及生长率的影响[J]. 水生生物学报，2007(2)：282-285.

[12] 黄小娜. 浙江部分地区枝角类的分类、区系及粉红粗毛溞的生活史研究[D]. 杭州：杭州师范大学，2011.

平突船卵溞的生活史特点

前　言

枝角类是经济鱼类的天然饵料，也是蛙类、家禽和家畜的饲料，其本身又是其他无脊椎动物和鱼类的重要饵料资源，是水体能量流动的重要环节。[1]同时，枝角类也是反映水体营养水平、捕食压力变化的敏感指示生物。此外，少数种类也是家禽和家畜寄生虫的中间宿主。对平突船卵溞生长繁殖变化规律进行探究，可为以后更好地开发利用及环境检测提供帮助。

淡水枝角类是组成淡水浮游动物的主要类群之一，浮游动物是水域生态系统中重要的组成部分[2]，是次级生产者之一。在分类上枝角类隶属节肢动物门甲壳纲鳃足亚纲双甲目枝角亚目，枝角类在自然水域中数量大、繁殖快，因其营养价值高，是水生经济动物鱼类等的良好饵料，也是水产动物育苗时活饵料的培养对象之一。[3]枝角类体型微小，肉眼很难看到，生活在各类水域环境中，可直接作为水域环境检测的指示性生物，也是水质监测的优良测试生物。

有关枝角类的生长、生殖、生活史的研究多见于探讨温度和食物浓度对枝角类的影响，如施心路等对发头裸腹溞[4]、微齿低额溞[5]和喜马拉雅低额溞[6]的生殖、发育、种群增长等进行的研究，分别探讨了这几种枝角类在不同温度下的生长、生殖以及发育情况，得出温度对枝角类的生长生殖有一定的影响的结论；王丹丽探讨了温度、盐度和食物对蚤状溞[7]、拟老年低额溞[8]生长生殖的影响，以及邓道贵等[9]对温度和食物浓度对老年低额溞生长生殖的影响研究等，表明不同温度、食物浓度和盐度等对枝角类的生长生殖有影响。这些基本上都是研究实验室内控制温度条件下的枝角类的生长与生殖状况，而对于室内模拟自然条件下的枝角类生长与生殖的研究较少。本文通过调查都匀剑江河的水质状况，发现平突船卵溞在水中大量繁殖，研究平突船卵溞的生长生殖规律，可以为实验室动物培养提供科学依据。

1 材 料

2015年4—10月，笔者根据天气状况的变化制订了不同的采集方案(包括采集地点、生境、时限、密度与频次)，分别在以都匀地区为主的地域内设剑江河以及高铁东站、彩虹桥(客运站)、帝景豪园等地点附近的水体为采集地。

采用水生生物学的采样方法，使用64 μm浮游生物网自水下0.5 m开始至水面，自左侧1 m至右侧1 m，把拖捞到的浮游生物过滤，装进事先准备的采集瓶里，带回实验室。在采集地测定水温、pH、盐度和溶解氧，并拍摄活体照片等。

2 方 法

2.1 实验材料的培养

对采集得到的实验材料，在体视显微镜和Nikon 80i荧光显微镜下，挑选平突船卵溞个体，培养于采集的水(过滤后)中。第二天用80%的原过滤水加20%的培养用水(在黔南民族师范学院校园雨花湖湿地公园采集的水样)，第三天用60%的原过滤水加40%的培养用水，第四天用40%的原过滤水加60%的培养用水，第五天用20%的原过滤水加80%的培养用水，第六天全换成100%的培养用水……第一次、第二次换水，每隔一天倒掉一半的水，加一半的培养用水；第三次换水，把培养器皿里的水都倒掉，放进新的培养用水；第四次、第五次同第一次；第六次同第三次，以此类推。每天在培养液中加一滴绿藻，直到平突船卵溞母体产生后代。

把母体产生的后代作为培养对象，每只后代单独培养于经过高压灭菌的10 mL玻璃容器内，直至其死亡。最后结果统计10个及以上的数据。

每天在荧光显微镜下观察平突船卵溞是否蜕壳，并记录；在荧光显微镜下测量其体长，计算怀卵量、后代数，并记录，直至培养对象死亡。

2.2 显微观察

将采集的标本倒入洗干净的烧杯中，然后把一部分采集的样品移入培养皿，在体视显微镜下观察，并挑取所需要的标本，用吸管吸取平突船卵溞样品并放置于载玻片上；将带有平突船卵溞的载玻片放置于荧光显微镜下，观察活体的外部形态和体形轮廓。

2.3 显微拍照

采用荧光显微镜照相系统，应用明视场显微术对平突船卵溞进行活体整体或局部形态拍照。活体拍照时，先在解剖镜下将置于载玻片上的平突船卵溞虫体周围的水尽可能地吸去，至虫体活动变慢甚至不动时止。此后在保证平突船卵溞不会干死的情况下，将带有平突船卵溞虫体的载玻片放置于显微摄像系统下进行整体拍照。局部形态拍照时，先借助于体视显微镜，用解剖针解剖取得平突船卵溞的局部结构；然后加上盖玻片，置于高倍镜下对相关结构进行拍照。

3 结 果

3.1 体长与龄期的关系

如图 1 所示，测得平突船卵溞历经 11 个龄期，其中 3 个幼龄期，8 个成龄期，达到第一成龄期时的体长约为 0.575 mm，其最大体长可达 1.050 mm。平突船卵溞第一次怀卵量为 2～6 个，最大怀卵量为 16～24 个，累计怀卵量可达 82 个，生殖高峰期在 6～8 龄期。由表 1 可见，平突船卵溞体长随着龄期的增长而增长，前期的增长速度较快，当达到成龄，开始怀卵之后，体长增长速度开始变得缓慢。特别是在最后 2～3 个龄期，体长增长较少，此时怀卵量也随着老龄化而开始下降。

表 1 平突船卵溞的生长生殖情况

天数	龄数	平均体长/mm	平均怀卵量/个
1	1	0.33±0.02	—
3	2	0.45±0.01	—
5	3	0.50±0.02	—
7	4	0.58±0.03	3.4
11	5	0.63±0.03	4.6
15	6	0.70±0.03	14.8
20	7	0.78±0.06	22.0
24	8	0.86±0.03	12.8
29	9	0.91±0.08	10.2
33	10	1.01±0.04	9.8
36	11	1.03±0.02	4.4
累计怀卵量/个			82.0

由图 1 可知，平突船卵溞蜕壳次数可达 11 次，每蜕一次壳，其体长增加一次。在 11 个龄期内，体长是在不断增长的。在幼龄期，其体长增长比较迅速，在一定阶段达到生殖高峰；随后增长开始减缓，直至死亡。

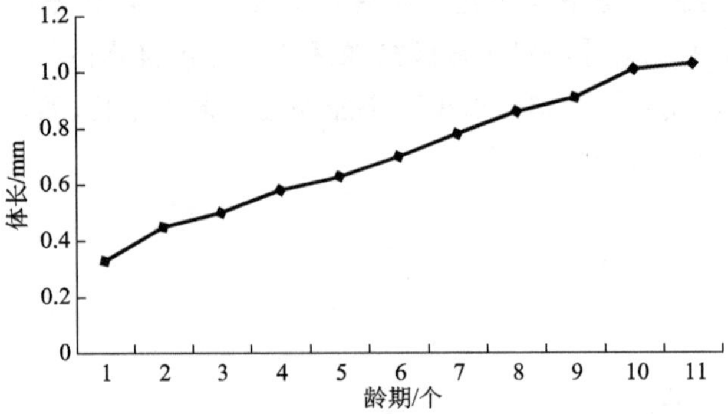

图 1　不同龄期的体长变化

3.2　怀卵量与龄期的关系

由图 2 可知，平突船卵溞从第 4 龄期开始怀卵，在第 6～8 龄期时怀卵量达到最大值，随后怀卵量开始减少。这表明在 6～8 龄期时达到怀卵高峰，即生殖高峰期。在这之前和之后的生殖量都不是最大值，在第 7 龄期的怀卵量可达 22 个。

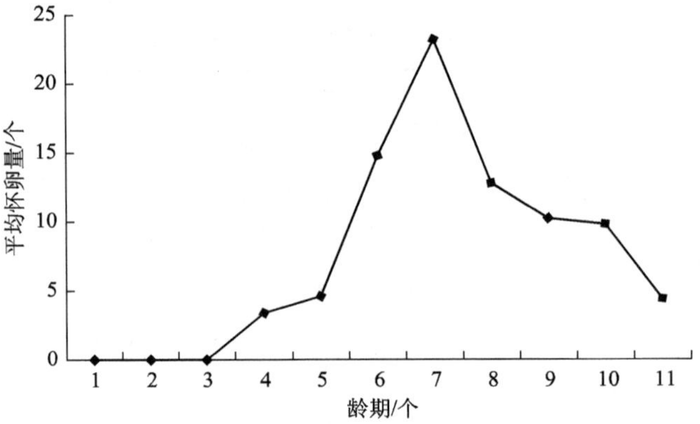

图 2　各龄期的怀卵量

3.3　怀卵量与天数的关系

由图 3 可知，在这 36 d 中，平突船卵溞在前段时间几乎没有怀卵，从第 7 d 开始怀卵，怀卵量逐渐开始增加，第 15 d 到 29 d 怀卵量较多，到 20 d 左右达到最高峰，随后开始逐渐下降，直至死亡。

3.4　体长与天数的关系

由表 1 和图 4 可知，在这 36 d 中，平突船卵溞出生后体长增长很快，隔 1 d 蜕壳一次，增长速率逐渐达最大值。当开始怀卵之后，体长增长逐渐变慢，特别是在 29 d 之后，体长的增长速率较之前明显减缓，这符合枝角类浮游动物变化的规律。

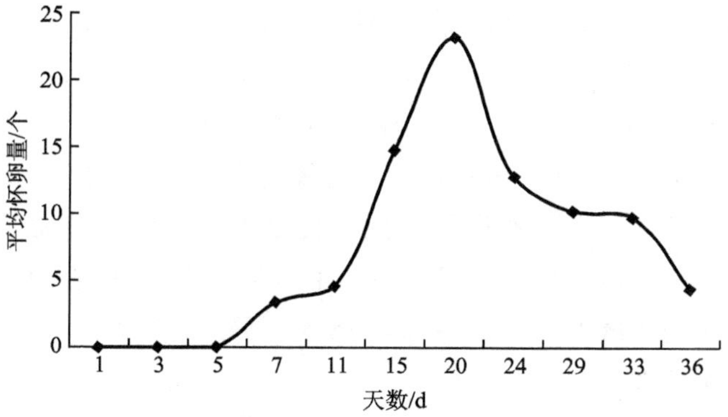

图 3　怀卵量与生长天数的关系

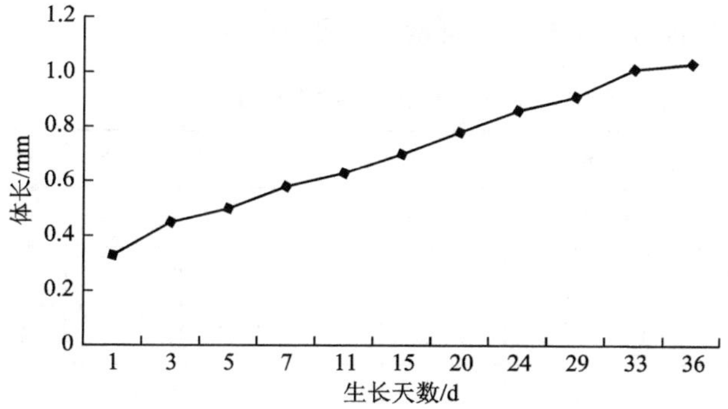

图 4　体长与生长天数的关系

由表 2 可知，20 ℃时，最大体长为 1.085 mm，幼龄期 3 个，成龄期 18 个，累计生殖量 178 个，寿命 46.8 d。30 ℃时，最大体长为 1.045 mm，幼龄期 3 个，成龄期 15 个，累计生殖量 172 个，寿命 18.8 d。在自然条件下，最大体长为 1.050 mm，幼龄期 3 个，成龄期 8 个，累计生殖量 82 个，寿命 36.0 d。

表 2　平突船卵溞的生活史特点

温度/℃	最大体长/mm	幼龄期/个	成龄期/个	累计生殖量/个	寿命/d	资料来源
20	1.085	3	18	178	46.8	黄祥飞，1985[1]
30	1.045	3	15	172	18.8	
自然条件(15～30)	1.050	3	8	82	36.0	本文

随着温度的升高，最大体长、幼龄期、成龄期、累计生殖量、寿命都是逐渐降低的，在自然条件下也是有区别的。

4　讨　论

综上所述，平突船卵溞的生长情况：平突船卵溞在自然条件下经历了 3 个幼龄期、8

个成龄期，其体长最大可达 1.050 mm；最大怀卵量在第 6～8 龄期，为 16～24 个，累计生殖量可达 82 个，寿命 36.0 d。在 20 ℃条件下经历 3 个幼龄期、18 个成龄期，最大体长可达 1.085 mm，累计生殖量约 178 个，寿命约为 46.8 d。在 30 ℃条件下经历 3 个幼龄期、8 个成龄期，最大体长可达 1.045 mm，累计生殖量约 172 个，寿命约 18.8 d。可知，在实验室控制温度和自然条件下平突船卵溞的生活史是不一样的。可能是因为自然条件下的温度不受控制，变化无常，导致平突船卵溞的生长生殖都没有达到理想状态，寿命低于 20 ℃的 46.8 d，累计生殖量也低于 20 ℃的 178 个以及 30 ℃的 172 个。可见，温度对枝角类的生长生殖影响较大。

平突船卵溞与常见枝角类，如老年低额溞、微齿低额溞、喜马拉雅低额溞以及发头裸腹溞比较，发现：喜马拉雅低额溞的体长最大，累计生殖量也最多；平突船卵溞体长最小，龄期在自然条件下也是最少的，累计生殖量也处于最小值。

表 3　平突船卵溞与其他溞类的比较

种类	体长/mm	龄期/个	累计生殖量/个	资料来源
平突船卵溞	0.63～1.07	8～11	82(15～30 ℃)	本文
老年低额溞	2.82	14～17	194(25 ℃)	邓道贵等，2006[9]
微齿低额溞	0.8～3	22	361(25 ℃)	施心路、史新柏，1996[5]
喜马拉雅低额溞	1.49～3.60	20～23	482(20 ℃)	施心路等，2010[6]
发头裸腹溞	1.04～1.93	14～19	239(25 ℃)	葛家春等，1999[10]

通过比较，总结了平突船卵溞属的生活史的共同特点：

(1) 基本上都有 3 个幼龄期。

(2) 幼龄期体长增长迅速，在达到成龄期之后，体长增长减缓，这可能是与个体的一部分能量用于生殖有关。

(3) 在其生活史过程中，有一个最大怀卵量和一个最大生殖量，当达到最大怀卵量之后，怀卵数目会出现衰减现象。这可能是因为机体功能开始下降，出现衰老现象。

(4) 在平突船卵溞的生长、生殖过程中，外界因素(温度、pH、水等)也是一个非常重要的因素。

参考文献

[1] 黄祥飞. 三种淡水枝角类生物学的研究[J]. 海洋与湖沼，1985(3)：188-195.

[2] 蒋燮治，堵南山. 中国动物志·淡水枝角类[M]. 北京：科学出版社，1979.

[3] 邓道贵，孟琼，毛开云，等. 温度和种间竞争对大型溞种群动态和两性生殖的影响[J]. 生态学报，2009，29(12)：6 351-6 358.

[4] 施心路，鲍双燕，刘桂杰，等. 温度对发头裸腹溞生殖能力的影响[J]. 水生生物学

报,2009,33(2):200-206.

[5] 施心路,史新柏.微齿喜马拉雅低额溞的生殖与发育[J].动物学报,1996,42(3):287-296.

[6] 施心路,齐彩花,刘桂杰,等.温度对喜马拉雅低额溞生长与生殖的影响[J].水生生物学报,2010,34(4):794-805.

[7] 王丹丽,徐善良,苏忠川.盐度和食物对蚤状溞(*Daphnia pulex*)生殖与生存的影响[J].宁波大学学报(理工版),1998(3):18-22.

[8] 王丹丽,赖伟.拟老年低额溞的生长与生殖[J].水产学报,1990(4):304-312.

[9] 邓道贵,靳英,柳明,等.温度和食物浓度对老年低额溞生长与生殖的影响[J].水生生物学报,2006,30(3):298-303.

[10] 葛家春,黄诚.发头裸腹溞生长、生殖的研究[J].水生生物学报,1999(2):112-119.

拟老年低额溞的生长生殖

前　言

枝角类是淡水水域中常见的浮游甲壳动物，因其营养价值高，容易培育繁殖，成为水生经济动物鱼类等的良好饵料，因此，研究其生长生殖的特性，对水产品的养殖具有重要意义。在有关枝角类的研究中，大多以溞属和裸腹溞属为研究对象，郑重[1-2]对淡水枝角类(Freshwater cladocera)、施心路等[3]对发头裸腹溞(*Moina irrasa*)等进行过研究，但对于低额溞属的研究较少。拟老年低额溞是一种体型较大、适应能力较强的常见枝角类。王丹丽等[4]对拟老年低额溞进行过生长生殖的研究。本文仅对拟老年低额溞夏季的生长生殖进行研究，了解其生长生殖的特点，为今后水产养殖中如何利用拟老年低额溞提供一定的理论依据。

1　材料与方法

实验材料于 2015 年 7 月 12 日取自黔南布依族苗族自治州雨花湖湿地公园，从采集到的样品中挑选出生长良好的怀卵雌体进行预先培养，将同胎产出的子代放入 10 mL 的离心管中培养，实验用 10 只拟老年低额溞同条件下[(25±2)℃]单独培养。自培养之日起每天换一次取自采集点的水(经 256 μm 的筛绢过滤，第一次换掉 1/2，第二次全部换水，依次循环)，加入适量的绿藻，并将溞体取出放在载玻片上于目镜测微尺下测量其体长，记录蜕壳情况及龄期。至怀卵时记录怀卵量，产子代后将子代用吸管取出并记录子代个数，一生单独培养，直至死亡。应用 Excel 进行数据和可信度分析。

2　结　果

接种的个体来自同一个母体，大小差异不明显，在特定的温度范围内生长。在此温度下个别仔溞有 4 个幼龄期，大部分有 5 个幼龄期，而成龄期为(14.2±1.40)个。在 1～

16 龄期全部存活，之后便逐渐死亡，存活时间最长的为 20 龄期，共 42 d。

2.1 拟老年低额溞体长与天数的关系

在(25±2)℃下拟老年低额溞体长增长模型为：

$$y=0.5056\ln(x)+0.2911$$
$$R^2=0.9775$$

式中，x 为天数，y 为 x 天时的体长(mm)。

从图 1 可以看出，拟老年低额溞体长与生长天数之间存在显著的关联性。拟老年低额溞在幼龄期的生长速度明显比成龄期快，成龄后的增长率逐渐下降直至趋于 0。在生殖方面，该溞在成龄期时开始怀卵，刚开始时怀卵量较少，然后逐渐增加，而后下降，直至死亡。

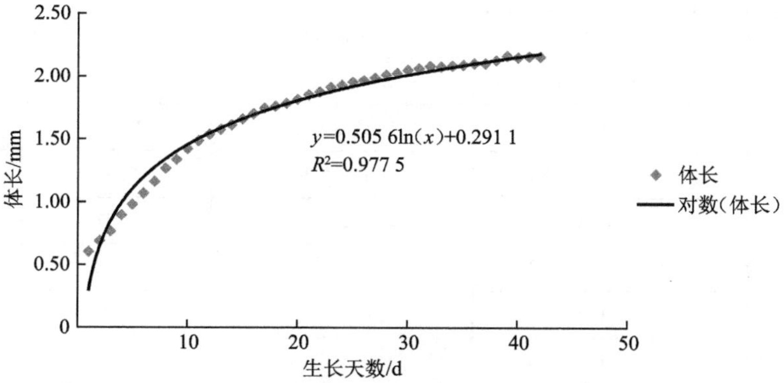

图 1　拟老年低额溞体长逐日增长情况

2.2 拟老年低额溞各龄期平均体长与平均体长增长率

从图 2 中可以看出，在(25±2)℃范围内，体长随龄期的增长模型为：

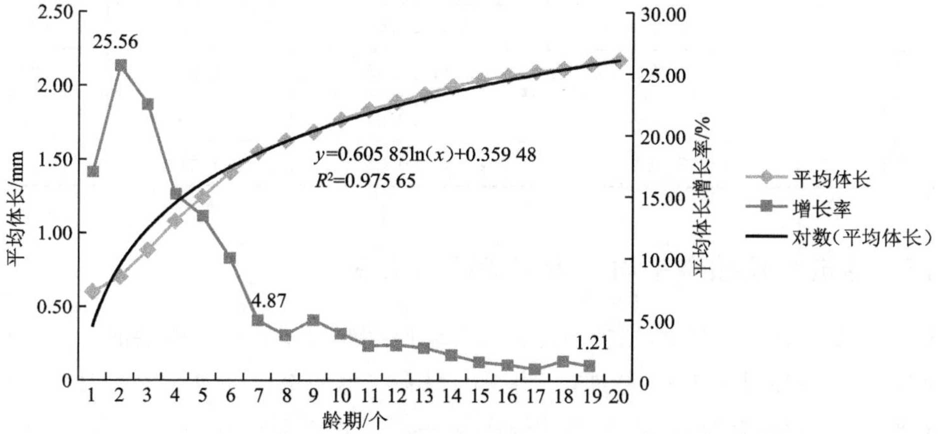

图 2　拟老年低额溞各龄期平均体长与平均体长增长率

$$y=0.60585\ln(x)+0.35948$$
$$R^2=0.97565$$

拟老年低额溞幼龄期的体长增长率明显高于成龄期，每龄期都有波动，增长率最高出现在2～3龄期，增长率为25.56%。在8龄期以后体长增长率缓慢下降但是存在一定的波动，直到最后不增长且有个别出现负增长（据文献报道，与衰老有关[3]）。此实验组溞体在死亡时最大体长为2.24 mm，最小为1.98 mm。各个体之间体长无明显差异。

表1 拟老年低额溞在(25±2)℃下的生长情况

龄期数/个	个体数/只	(日龄±标准差)/d	(平均体长±标准差)/mm	体长增长率/%	最大体长/mm
1	10	1.00±0.00	0.60±0.02	—	0.62
2	10	1.10±0.18	0.70±0.02	16.88	0.75
3	10	1.70±0.42	0.88±0.04	25.56	0.96
4	10	1.90±0.90	1.08±0.04	22.42	1.22
5	10	1.60±0.72	1.24±0.04	15.18	1.38
6	10	1.80±0.32	1.41±0.06	13.39	1.51
7	10	2.00±0.20	1.55±0.06	9.96	1.66
8	10	1.90±0.36	1.63±0.08	4.87	1.74
9	10	2.10±0.18	1.68±0.09	3.68	1.82
10	10	2.30±0.42	1.77±0.07	4.94	1.87
11	10	2.10±0.36	1.84±0.07	3.82	1.95
12	10	2.00±0.00	1.89±0.08	2.83	2.00
13	10	2.10±0.36	1.94±0.06	2.89	2.05
14	10	2.20±0.48	1.99±0.06	2.68	2.08
15	10	2.20±0.00	2.04±0.06	2.09	2.18
16	10	2.00±0.20	2.07±0.05	1.53	2.21
17	9	2.11±0.35	2.09±0.05	1.33	2.24
18	9	2.22±0.35	2.11±0.05	0.97	2.24
19	7	2.50±0.67	2.15±0.04	1.64	2.24
20	5	2.75±0.38	2.18±0.03	1.21	2.21

2.3 拟老年低额溞平均日龄与龄期的关系

从图3、表1中可以看出，拟老年低额溞在幼龄期时每增加一个龄期的时间比成龄期所用的时间短，最短时是1～2龄期，仅为1 d，只有在第一次怀卵时所用的时间比刚成龄时的时间长。在成龄期阶段，拟老年低额溞的平均日龄逐渐增加，在9～18龄期内变化较小。在10龄期时出现一个不大的小峰为(2.3±0.42)d，之后平均日龄在2.1 d左右，持续到 18 龄期，在 19～20 龄期时分别达到(2.50±0.67)d 和(2.75±0.38)d，明显比其他龄期长，这与其已经是老龄且代谢缓慢存在必然的关系。

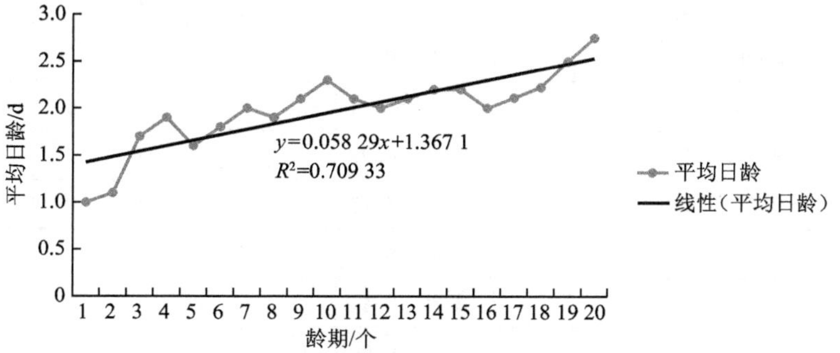

图 3　拟老年低额溞各龄期的平均日龄

2.4　拟老年低额溞平均产卵时间间隔

从图 4、表 2 中可以看出，拟老年低额溞在第 5 龄期时就有溞开始产卵，之后每隔一段时间就有溞在陆续产卵，在产卵时间间隔上，在第 7 龄期时第一次出现一个小峰为(2.00±0.20)d。在 10 龄期时出现第 2 次高峰为(2.30±0.42)d，在 10 龄期时出现较大的时间间隔，这跟其在这个龄期出现一次怀卵高峰相联系(如图 5 所示)。在 10 龄期之后平均产卵间隔时间在 2.10 d 左右，最后在 19 和 20 d 时有少数溞能存活下来并产卵，但相当困难，所以产卵时间间隔自然要比前面的长很多。总体来看，拟老年低额溞产卵时间间隔呈逐渐增加的趋势，但是存在较大的波动。

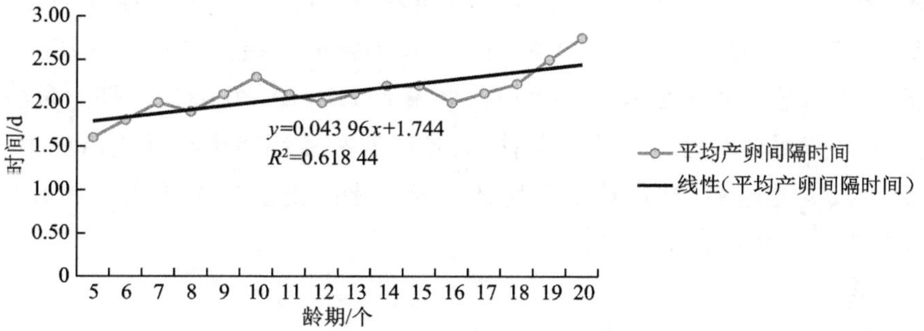

图 4　拟老年低额溞平均产卵时间间隔

表 2　拟老年低额溞在(25±2)℃下的生殖情况

龄期/个	(平均产仔量±标准差)/个	(平均产仔间隔±标准差)/d	累计产仔量/只	最高产仔量/只
5	1.71±1.68	1.60±0.72	12	4
6	5.20±2.00	1.80±0.32	52	10
7	6.57±1.08	2.00±0.20	62	8
8	7.20±2.08	1.90±0.36	72	16

续表

龄期/个	(平均产仔量±标准差)/个	(平均产仔间隔±标准差)/d	累计产仔量/只	最高产仔量/只
9	8.00±3.00	2.10±0.18	82	14
10	7.00 ±2.20	2.30±0.42	70	10
11	10.57±3.12	2.10±0.36	94	14
12	8.90±2.30	2.00±0.00	89	12
13	8.86±2.40	2.10±0.18	84	12
14	10.20±3.84	2.20±0.36	102	18
15	9.00±3.30	2.20±0.48	85	13
16	9.20±2.56	2.00±0.00	92	14
17	9.33±2.52	2.11±0.20	78	12
18	5.78±2.02	2.22±0.35	52	12
19	6.80±2.45	2.50±0.67	48	10
20	3.60±0.64	2.75±0.38	18	4

2.5 拟老年低额溞平均怀卵量与龄期的关系

从图 5 可以看出，在拟老年低额溞成龄后，怀卵量逐渐增加，其中平均怀卵量在 9 龄期时出现一个小高峰，在 11 龄期时又一次出现高峰且达到最高值(10.57±3.12)个。在 14 龄期时再一次出现一个高峰，平均为(10.20±3.84)个，之后逐渐降低。由此可以看出，拟老年低额溞在壮年时怀卵量比刚成龄时和老龄时高，拟老年低额溞的怀卵量与龄期在 11 龄期以前是正相关关系，在 11 龄期以后便不再成正相关关系。在 12～17 龄期保持相对稳定的怀卵量且平均在 9.10 个左右(见表 2)，18，19，20 龄期时怀卵量急剧减少，有个别个体不怀卵便自然死亡。总体来看，拟老年低额溞怀卵量在其生活史中呈先增加而后稳定最后减少的趋势，其各龄期平均怀卵量变化的模型为多项式：$y=0.110\ 2x^2+1.987\ 2x+0.787\ 6$($R^2=0.841\ 7$)。

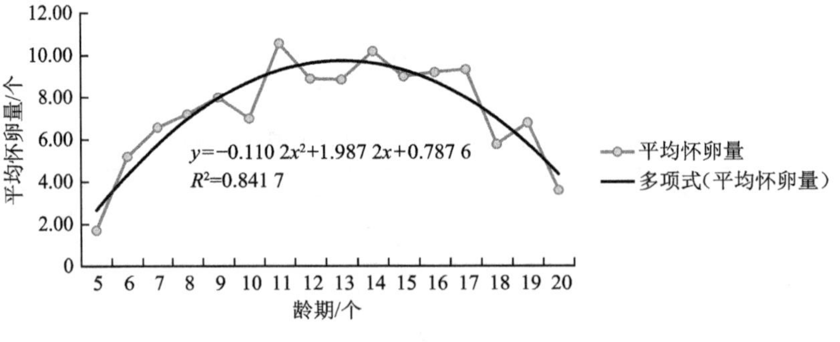

图 5 拟老年低额溞各龄期的平均怀卵量

2.6 拟老年低额溞怀卵量与生长天数的关系

从图 6 可以看出，拟老年低额溞每天总怀卵量与生长天数的关系为多项式：$y=0.135\ 5x^2+4.781\ 6x+2.963\ 6(R^2=0.692\ 9)$。拟老年低额溞第一次怀卵是在其出生的第 6 d，怀卵量较少，仅为 4 个，之后陆续有个体成熟并怀卵，总怀卵量即快速增加。到第 10 d 时，出现一个小高峰，样本总怀卵量为 36 个。第 11 d 又降低为 24 个，在之后的 4 d 里稳定怀卵。在第 17 d 时出现较大的峰，总数为 56 个。因为平均产卵时间间隔在 2 d 左右，数据是每一天的总量，所以在第 17 d 到第 36 d 时，每天总怀卵量出现交替的怀卵高峰，在第 28 d 时怀卵总量为 62 个，达到最大值。之后虽出现交替高峰，但总体是下降的趋势。36 d 以后不再是交替地出现怀卵高峰，而是在每天逐渐降低，拟老年低额溞在最后一次怀卵时仅有 2 个。

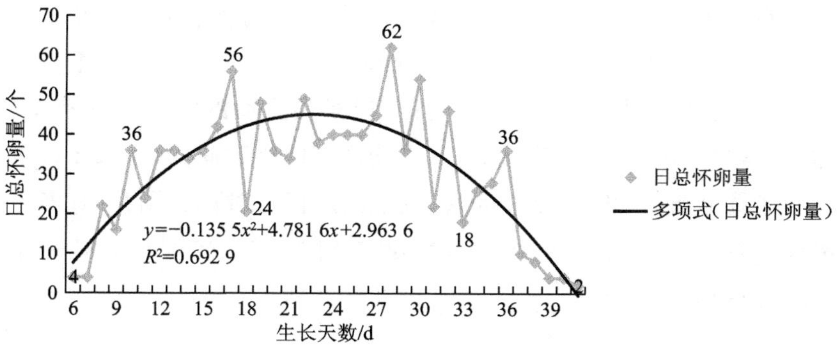

图 6 拟老年低额溞每天的怀卵情况

2.7 拟老年低额溞产卵量与体长的关系

根据对 10 个个体的观察数据统计得出，第一次最早产卵时溞体长为 1.27 mm，产卵量为 4 个。产卵量最高时体长为 1.92 mm，怀卵量为 18 个，如图 7 所示。此组溞在第一成龄期时的平均产卵量为(1.71±1.68)个。出现高峰期的平均体长为 1.86 mm，平均产卵量为(10.38±3.32)个。在最后产卵时平均产卵量为(3.60±0.64)个。

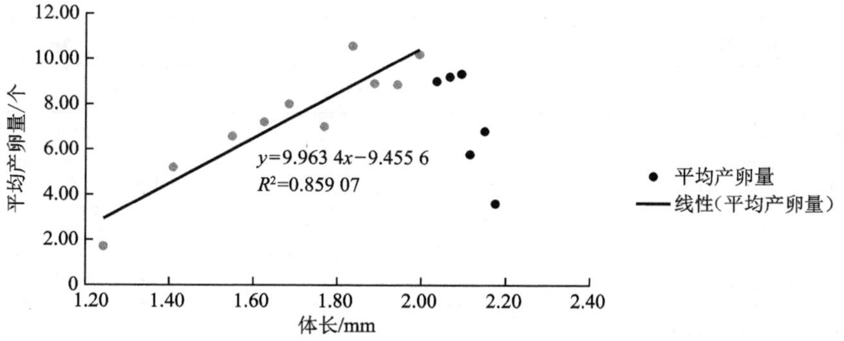

图 7 拟老年低额溞平均产卵量与体长的关系图

严格地讲，拟老年低额溞产卵量与体长之间仅在生活早期成正相关。体长在1.24～2.04 mm时，产卵量随着体长的增长而逐渐增加，其相互关系可以用曲线回归方程来表示：

$$y=9.963\,4x-9.455\,6$$
$$R^2=0.859\,07$$

式中，y代表产卵量，x代表体长。

由图7、表2可知，当体长超过2.04 mm以后，虽然溞的体长还在缓慢增长，但是产卵量却明显下降。

2.8 拟老年低额溞在(25±2)℃时的生长生殖特性

从表3中可看出，温度在(25±2)℃时，拟老年低额溞的平均寿命为(39.00±2.20)d，最高为42 d。在整个实验过程中，10个拟老年低额溞的总产仔量为1 092个，单个个体一生最高产仔量为136个，平均每个拟老年低额溞的产仔量为109.2个，平均产仔次数是(14.20±1.40)次，最高为16次；第一次怀卵时是出生后的第6 d，所有个体在第一次怀卵时的体长平均为(1.41±0.05)mm。其平均产仔间隔时间为(2.13±0.05)d，各拟老年低额溞高产仔量出现在(22.56±9.00)d；其最高产仔量时体长则为(1.90±0.07)mm。拟老年低额溞在20 ℃时产卵量为218个，在30 ℃时为128个。[4]与本实验的结果差距较大，但是总体特征相似。

表3 拟老年低额溞在(25±2)℃时的生长生殖特性

项 目	数 据
平均寿命/d	39.00±2.20
最高寿命/d	42
最大体长/mm	2.24
产仔总量/个	1 092
每溞平均产仔量/个	109.2
最高产仔量/个	136
每溞平均产仔次数/次	14.20±1.40
最高产仔次数/次	16
第一次怀卵日/d	6.00±0.00
第一次怀卵体长/mm	1.41±0.05
平均产仔间隔/d	2.13±0.05
最高产仔量时间/d	22.56±9.00
最高产仔量时体长/mm	1.90±0.07

3 讨 论

3.1 拟老年低额溞与喜马拉雅低额溞比较

笔者的实验材料采集自黔南布依族苗族自治州平均海拔在 1 000 m 左右的水域。喜马拉雅低额溞（*Simocephalus himalayenlis*）是产于我国青藏高原地区水域的特有种类[5-6]，隶属于枝角亚目（Cladocera）溞科（Daphniidae）低额溞属。在海拔高度为 4 750 m 的珠穆朗玛峰附近水域，首次发现喜马拉雅低额溞，最早的报道出自蒋燮治、陈受忠。[5] 2004 年 7 月，施心路等在云南也发现了喜马拉雅低额溞。[7] 在施心路等人的研究中，其（25±1）℃时体长增长模型与笔者的模型相似，说明拟老年低额溞与喜马拉雅低额溞一样，都是幼龄期比成龄期增长速度快，在末期时增长速度变慢，也都出现了负增长，拟老年低额溞体长明显小于喜马拉雅低额溞；在怀卵方面二者均在 10、11 龄期出现过怀卵高峰，在怀卵量方面拟老年低额溞明显低于喜马拉雅低额溞；其平均龄期间隔时间也无太大区别，在性成熟所需时间上，笔者的拟老年低额溞要明显长于施心路的喜马拉雅低额溞，平均寿命也低于喜马拉雅低额溞 6 d 左右。

3.2 拟老年低额溞与蒙古裸腹溞比较

蒙古裸腹溞幼龄时间为（25.30±1.51）h，成龄为（53.89±12.31）h。[8] 蒙古裸腹溞最高寿命为 10.8 d，寿命较短，在成龄所需的时间上明显比笔者的拟老年低额溞短，最长体长也比拟老年低额溞短 0.80 mm 左右。两者在前期生长上都是先快后慢，最后可能会出现一定的负增长。在生殖方面，蒙古裸腹溞也呈现出先增后减的趋势，怀卵时间间隔比笔者的拟老年低额溞要短。

3.3 拟老年低额溞与发头裸腹溞比较

实验发现，在（25±1）℃条件下，平均累计产卵量发头裸腹溞最高，达（293.0±0.21）个，这说明（25±1）℃是发头裸腹溞生活的最适温度。[3] 发头裸腹溞平均体长为（1.93±0.13）mm，总共有 16 个龄期，体长比拟老年低额溞要短，拟老年低额溞寿命为（39±2.20）d，相比之下拟老年低额溞寿命明显长于发头裸腹溞。在产仔量上，发头裸腹溞比拟老年低额溞多，产仔规律上都是呈现先增后减的趋势。

3.4 拟老年低额溞与蚤状溞比较

在 25 ℃下，蚤状溞有 5 个幼龄期，19 个成龄期。[9] 蚤状溞平均产卵间隔时间为 78.4 h，平均体长为（2.91±0.61）mm，产仔量为 401.6 个。蚤状溞比笔者的拟老年低额溞多 3～

5个龄期，在幼龄期的蜕皮时间间隔上相差较少。在成龄期时，蚤状溞的蜕皮时间间隔明显比拟老年低额溞多，怀卵量在前期比拟老年低额溞高2～4倍，且怀卵量也呈现出先增后减的趋势。蚤状溞体长在各个体之间有一定的差异，但基本上比拟老年低额溞多0.50～0.80 mm。25 ℃左右时蚤状溞的平均寿命明显比拟老年低额溞长。

3.5 拟老年低额溞与大型溞生长生殖的比较

大型溞一生共有(27.5±2.88)个龄期，(68.4±9.82)d。[10]生活在水温25 ℃组的大型溞每10 d的产卵次数(4.77次)要比15 ℃组平均多两次左右。[11]大型溞在体长上比笔者的拟老年低额溞长。总体来说，大型溞的生长和拟老年低额溞相似，生长速度都是幼龄期到刚成龄期时比中期和老龄期时快；在怀卵方面，也是先增加后逐渐减少；在每个龄期的怀卵量上，大型溞比笔者的拟老年低额溞要多出很多。

4 结 论

拟老年低额溞与大多数大型溞一样有着较大的体长。在整个生活史中，各种大型溞类(蚤状溞、裸腹溞、喜马拉雅低额溞)都有相似的生活轨迹，如幼龄期的体长增长率明显高于成龄期的体长增长率，在怀卵量方面大型溞和蚤状溞比笔者的拟老年低额溞多出太多。在寿命方面，发头裸腹溞和裸腹溞相比其他溞寿命较短，蚤状溞和喜马拉雅低额溞寿命较长。在上述几种溞类中，各种溞都有其各自的特点。拟老年低额溞个体大，生殖能力一般，适应能力强，分布范围广。在养殖业方面，若把握好溞类的生长习性、鱼虾等的食物喜好，可用溞作为鱼类的天然饵料，以减少养殖成本和降低对环境的污染。

参考文献

[1] 郑重.淡水枝角类的生长[J].动物学杂志，1958(4):8-14.

[2] 郑重.淡水枝角类的生殖[J].动物学杂志，1959(1):22-27.

[3] 施心路，齐彩花，刘桂杰，等.温度对发头裸腹溞生殖能力的影响[J].水生生物学报，2009，33(2):112-119.

[4] 王丹丽，赖伟.拟老年低额溞的生长与生殖[J].水产学报，1990，14(4):304-312.

[5] 蒋燮治，陈受忠.珠穆朗玛峰地区科学考察报告(1966—1968)[M].北京：科学出版社，1974.

[6] 蒋燮治，堵南山.中国动物志·淡水枝角类[M].北京：科学出版社，1979.

[7] 施心路，齐彩花，刘桂杰，等.温度对喜马拉雅低额溞生长与生殖的影响[J].水生生物学报，2010，34(4):794-805.

[8] 王岩,何志辉,蔡云.温度和盐度对蒙古裸腹溞发育的影响[J].海洋与湖沼,2000,31(1):8-14.

[9] 曹双俊,金国平,赵新国.蚤状溞的生长和生殖[J].四川动物,1996,15(3):100-104.

[10] 庄德辉,梁彦龄.大型溞生长、生殖和种群增长的研究[J].水生生物学报,1986,10(1):24-31.

[11] 黄显清,王武.温度、盐度对大型溞生长和生殖的影响[J].上海水产大学学报,2000,9(1):15-20.

低额溞属的生活史特征

1 低额溞属的鉴别

低额溞属(*Simocephalus*)的动物常常被用来监测水生态环境，也常作为研究水生生物学的材料。当然，这也与其分布广泛、生殖周期短、容易培养以及繁殖速度快的特点有关。作为溞科一个较大的属的存在，相对同科不同属，其属的鉴定的主要特征有：体形卵圆形；单眼点状、菱形、长梭形等；有吻；后背角大多壳瓣凸起，后腹部浑圆；肛门前方通常凸起，肛门处凹陷比较深。

根据蒋燮治、堵南山、陈受忠、施心路、史新柏、Orlova-Bienkowskaja、许友勤及笔者的文献资料[1-7]，总结得出鉴别低额溞属外部特征的准则，见表1。

表1 低额溞属的鉴别准则

鉴别内容	特征依据
体形	卵圆形或宽卵圆形或宽纺锤形
头部	额顶尖凸或浑圆或有锯齿
吻	长或短
单眼	点状、菱形、长梭形
壳瓣后背角	凸出、微凸或浑圆
壳瓣背部	后缘有无棘齿
后腹部	腹突的形状和个数
后肛角的形状	尖凸或平凸
肛刺	形状和数目
尾爪	有无栉刺及栉刺的数目

2 低额溞属形态特征总结

2.1 低额溞属雌性生殖个体与雄性生殖个体形态特征的比较

通过查阅相关文献资料，按照表 1 的鉴别准则，对混型低额溞、拟老年低额溞及挪威低额溞等 13 种低额溞的孤雌生殖个体的形态特征进行比较，见表 2。对拟老年低额溞、北安低额溞及微齿低额溞等 9 种低额溞的有性生殖的雄性个体的形态特征进行比较，见表 3。

表 2 低额溞属的孤雌生殖个体的形态特征比较

种名	吻	额顶	后背角	后肛角	体长/mm	肛刺/个	栉刺/根	资料来源
混型低额溞	短小	浑圆	凸出	凸出	1.92±0.20	8～10	无	Orlova-Bienkowskaja，2001[5]
拟老年低额溞	短小	浑圆	凸出	凸出	2.09±0.31	9～14	无	施心路、史新柏，1996[4]
北安低额溞	短小	浑圆	浑圆	凸出	2.08±0.21	7～13	无	施心路、史新柏，1994[3]
老年低额溞	短小	浑圆	微凸	凸出	1.74±0.17	8～10	无	Orlova-Bienkowskaja，2001[5]
锯顶低额溞	短小	有锯齿	凸出	凸出	1.83±0.21	6～10	无	施心路、史新柏，1996[4]
黑龙江低额溞	长	浑圆	凸出	凸出	1.89±0.23	5～8	无	施心路、史新柏，1994[3]
江西低额溞	较小	浑圆	凸出	凸出	1.46～2.2	7～10	17～22	黄小娜，2014[7]
棘爪低额溞	短小	浑圆	微凸	凸出	2.15±0.27	12～22	7～12	Orlova-Bienkowskaja，2001[5]
西伯利亚低额溞	短小	浑圆	微凸	凸出	1.73±0.17	10～16	16～22	施心路、史新柏，1996[4]
喜马拉雅低额溞	短小	浑圆	微凸	平凸	2.64±0.23	12～14	12～15	Shi 等，2010[9]
富阳低额溞	短小	浑圆	微凸	凸出	1.74±0.13	9～16	11～16	黄小娜，2014[7]
微齿低额溞	短小	浑圆	微凸	平凸	2.64±0.23	11～19	8～21	陈受忠等，1992[2]
挪威低额溞	短小	浑圆	浑圆	凸出	1.62±0.13	7～9	17～20	黄小娜，2014[7]

表 3 低额溞属的雄性生殖个体的形态特征比较

种名	体长/mm	肛刺/根	栉刺/根	精子形状和直径/μm	资料来源
拟老年低额溞	0.8～1.6	4～5	无	圆球形，4.5～7.0	施心路、史新柏，1996[4]
北安低额溞	0.84～1.07	3～4	无	圆球形，3～5	施心路、史新柏，1994[3]
老年低额溞	0.76～1.00	4～5	无	圆球形，4.05～6.00	Orlova-Bienkowskaja，2001[5]
锯顶低额溞	0.80	4～5	无	圆球形，4.0～5.5	施心路、史新柏，1996[4]
黑龙江低额溞	0.67～0.87	4～5	无	圆球形，3.2～4.5	施心路、史新柏，1994[3]
西伯利亚低额溞	0.89～1.21	4～5	25～27	短棒状，3.8～5.0	施心路、史新柏，1996[4]
喜马拉雅低额溞	1.01～1.20	3～4	12～15	圆球形，2	Shi 等，2010[9]

续表

种名	体长/mm	肛刺/根	栉刺/根	精子形状和直径/μm	资料来源
富阳低额溞	0.78～1.02	5～6	11～16	圆球形,2.2～2.8	黄小娜,2014[7]
微齿低额溞	0.96～1.38	3～4	12～22	圆球形,2	陈受忠等,1992[2]

通过表 2 可以得出:低额溞属的吻大多短小,只有黑龙江低额溞的吻长;额顶大多浑圆,只有锯顶低额溞额顶有锯齿;后背角和后肛角大多凸出,只有北安低额溞和挪威低额溞的后背角是浑圆的。由表 3 可以得出:低额溞属的雄性个体的精子大多为圆球形,只有西伯利亚低额溞的精子形状为短棒状,精子直径范围为 2～7 μm。

通过对表 2 和表 3 进行综合比较分析得出:混型低额溞、拟老年低额溞及挪威低额溞等 13 种低额溞都存在雌性生殖个体,而混型低额溞、江西低额溞、黑龙江低额溞及挪威低额溞这 4 种低额溞到目前为止都没有雄性个体的记录。对拟老年低额溞、老年低额溞、锯顶低额溞及微齿低额溞等 9 种具有雌性生殖个体和雄性生殖个体的低额溞进行对比得出:雌性个体体长较雄性个体体长长,雌性个体体长范围为 1.46～2.64 mm,雄性个体体长范围为 0.67～1.38 mm;都有肛刺,雌性个体有肛刺 5～22 个,雄性个体的肛刺为 3～6 个;混型低额溞、拟老年低额溞、北安低额溞、老年低额溞、锯顶低额溞、黑龙江低额溞的尾爪无栉刺,江西低额溞、棘爪低额溞、西伯利亚低额溞、喜马拉雅低额溞、富阳低额溞、微齿低额溞以及挪威低额溞 7 种低额溞的尾爪具有栉刺,其栉刺个数为 7～27 根。

2.2 低额溞属孤雌生殖个体、有性生殖雌性个体及雄性个体体长的比较

我们知道,低额溞属的繁殖方式有无性生殖(孤雌生殖)和有性生殖,笔者重点对富阳低额溞、江西低额溞及福建低额溞等 16 种低额溞的孤雌生殖个体、有性生殖雌体及雄体体长进行对比分析,见表 4。

表 4　16 种低额溞孤雌生殖个体、有性生殖雌性个体和雄性个体体长比较

种名	孤雌生殖个体体长/mm	有性生殖雌性个体体长/mm	有性生殖雄性个体体长/mm	文献来源
富阳低额溞	1.62±0.13	1.17～2.08	0.78～1.02	黄小娜,2014[7]
江西低额溞	1.46～2.2	—	—	黄小娜,2014[7]
挪威低额溞	1.69±0.13	1.41～2.08	—	黄小娜,2014[7]
锯顶低额溞	1.83±0.21	—	—	施心路、史新柏,1996[4]
黑龙江低额溞	1.83±0.23	1.08～1.31	0.67～0.87	施心路、史新柏,1994[3]
老年低额溞	1.74±0.17	—	0.76～1.00	施心路、史新柏,1996[4]
拟老年低额溞	2.09±0.31	1.4	0.80～1.06	施心路、史新柏,1996[4]
混型低额溞	1.92±0.20	—	—	Orlova-Bienkowskaja,2001[5]

续表

种名	孤雌生殖个体体长/mm	有性生殖雌性个体体长/mm	有性生殖雄性个体体长/mm	资料来源
北安低额溞	2.08±0.21	1.6～2.3	0.84～1.21	施心路、史新柏，1994[3]
棘爪低额溞	2.15±0.27	—	—	施心路、史新柏，1996[4]
喜马拉雅低额溞	1.44～3.60	—	1.01～1.2	Shi 等，2010[9]
微齿低额溞	2.64±0.23	1.6～2.8	0.96～1.38	陈受忠等，1992[2]
西伯利亚低额溞	1.73±0.17	1.39～2.0	0.89～1.21	施心路、史新柏，1994[3]
微齿喜马拉雅低额溞	3.34±0.072	—	—	施心路、史新柏，1996[8]
角壳低额溞	1.66±0.25	—	—	施心路、史新柏，1994[3]
福建低额溞	0.83～1.69	—	0.58～0.84	许友勤等，2002[6]

通过对表 4 分析得出：以上 16 种低额溞的孤雌生殖个体体长都比它们的有性生殖雌性个体体长和雄性个体体长长。孤雌生殖个体的体长范围为 0.83～3.34 mm，目前有记录的有性生殖雌性体长范围为 1.08～2.08 mm 及雄性个体体长的范围为 0.58～1.38 mm。表中的 16 种低额溞都有孤雌生殖个体，而某些低额溞没有有性生殖雌性个体或没有有性生殖雄性个体。由此可见，低额溞属的主要繁殖方式是依靠孤雌生殖。

2.3　相似低额溞的形态特征的比较

通过对文献资料的总结，可以发现在低额溞属这一个属内，种与种之间有很多是很相似的。老年低额溞、拟老年低额溞、混型低额溞和北安低额溞等属于 *Simocephalus s. str.* 亚属，棘爪低额溞、西伯利亚低额溞、微齿低额溞、喜马拉雅低额溞、富阳低额溞和挪威低额溞等属于 *Simocephalus*(*Echinocaudus*)亚属，锯顶低额溞和江西低额溞属于 *Simocephalus*(*Coroncephalus*)亚属，黑龙江低额溞属于 *Simocephalus* (*Aquipiculus*)亚属。*Simocephalus s. str.* 亚属的低额溞的尾爪都没有栉刺，额顶浑圆且吻较短；体长偏大，单眼、肛刺、壳瓣后背角、背缘后端、后肛角等虽然有些相似但是也有差别。现将它们的形态特征进行对比，见表 5。

表 5　4 种尾爪无栉刺的相似低额溞的形态特征比较

种类	体长/mm	壳瓣后背角	单眼	肛刺/个	壳瓣背缘后端	后肛角	资料来源
老年低额溞	1.74±0.17	微凸	长菱形或长纺锤形	8～10	被有小棘	尖而凸出	蒋燮志、堵南山，1979[1]；施心路、史新柏，1996[4]
拟老年低额溞	2.09±0.31	凸出	细长，呈长纺锤形或长菱形	9～14	较向外凸出	明显凸出	蒋燮志、堵南山，1979[1]；施心路、史新柏，1996[4]

续表

种类	体长/mm	壳瓣后背角	单眼	肛刺/个	壳瓣背缘后端	后肛角	资料来源
混型低额溞	1.68～2.14	微凸	细长，呈长菱形或长纺锤形	8～10	较向外凸出	尖而凸出呈锐角	Orlova-Bienkowskaja，2001[5]
北安低额溞	2.08±0.21	浑圆，稍向外凸出	菱形或短椭圆形	7～13	微向外凸出	凸出呈钝角	施心路、史新柏，1994[3]

通过对表 5 进行分析，*Simocephalus s. str.* 亚属的 4 种低额溞的体长为 1.68～2.14 mm；壳瓣后背角微凸或凸出，就其凸出程度来讲，只有北安低额溞后背角稍向外凸出且浑圆；就单眼来说，只有拟老年低额溞和混型低额溞的单眼细长且呈长菱形或长纺锤形，而北安低额溞的单眼呈菱形或短椭圆形；肛刺有 7～14 个；壳瓣背缘后端基本上微向外凸出，只有老年低额溞的壳瓣背缘后端被有小棘；后肛角尖而凸出。它们的细微不同之处具体详见表 5。

3　低额溞属生长及生殖发育特征总结

对于低额溞属的生殖发育的研究可参阅王丹丽、赖伟、施心路、史新柏及笔者等的相关研究成果。[4,7,8,10]通过查阅相关研究资料，笔者对低额溞属的培养条件、平均最大体长、寿命、龄期、第一次怀卵量、最大怀卵量、累计怀卵量等做了以下记录，见表 6。

表 6　7 种低额溞的生殖发育特征比较

种名	培养条件/℃	平均最大体长/mm	寿命/d	龄期/个	第一次怀卵量/个	最大怀卵量/个	累计怀卵量/个	资料来源
尖吻低额溞	28～30	3.20	44.63	12	8	27	248	Murugan et al.，1973[10]
老年低额溞	27～29	2.48	41.16	12	6.03	38.02	265.1	Kanaujia，1988[11]
拟老年低额溞	20±1	2.26	50.02	19	8.9±1.5	27	205.21	王丹丽等，1990[12]
棘爪低额溞	20～22	2.24	42.88	18	7.5	37	459	Sharma et al.，1989[13]
喜马拉雅低额溞	20±1	3.41	57.38	20～23	11.3	57.69	482	施心路等，2010[14]
西伯利亚低额溞	15～25	2.38	46.43	14～18	5.12±1.12	28.13±4.35	235	黄小娜，2014[7]
微齿喜马拉雅低额溞	20±1	3.34±0.072	48.7±8.92	20	17.3±3.34	46.4± 4.5	361.5±21.5	施心路、史新柏，1996[8]

通过对表 6 及相关文献资料的分析和总结，得出了低额溞属生活史的共同特点：

(1) 都有生长发育及繁殖的最佳温度,为 20～25 ℃,在此温度范围内,生长繁殖较为稳定。

(2) 普遍来说幼龄期都是 4 个,且寿命(龄期) 的长短受温度影响。

(3) 体长增长迅速阶段在幼龄期,达到成龄期之后,体长开始增长缓慢,其原因可能是个体生殖需要消耗一部分能量。

(4) 在其生活史过程中,有一个生殖量最大和怀卵量最大的时期,随后的怀卵数目就会出现衰减现象。其主要原因是机体开始变老,生殖功能出现衰竭。

4 讨 论

本文主要对中国已记录的 16 种低额溞以及采集于国外的挪威低额溞的形态特征、生长及生殖发育特征进行了归纳总结。对形态特征来说,低额溞属的个体具有吻、肛刺、栉刺、单眼、壳瓣后背缘棘等。雌性个体较雄性个体体长长;生长和生殖发育方面,低额溞属个体有孤雌生殖(无性生殖)和有性生殖 2 种生殖方式,而孤雌生殖是低额溞属主要的生殖方式。

属于同亚属的老年低额溞与拟老年低额溞虽说只差了一个字,但是它们的差别却不仅仅是一个字而已。在施心路和史新柏于 1996 年发表的《黑龙江省低额溞属的种类及分布》一文中也曾提出过异议,但未得出中肯的结论。[8]拟老年低额溞与老年低额溞除了体长上的区别(前者个体较大些)之外,肛刺数目也有差别。现将老年低额溞与拟老年低额溞的形态特征进行比较(见表 7),结合笔者[15]的分子生物学相关数据,得出结果:老年低额溞和拟老年低额溞是形态上独立的种。

表 7 老年低额溞与拟老年低额溞的形态特征比较

形态特征	老年低额溞(♀)	老年低额溞(♂)	拟老年低额溞(♀)	拟老年低额溞(♂)
体长/mm	1.40～2.08	0.76～1.00	1.37～2.71	0.80～1.06
壳瓣后背缘棘	壳棘较大	壳棘较大	壳棘较粗大	壳棘较大
吻	小而尖	较粗而钝	小而尖	较粗而钝
单眼	细长,纺锤形或菱形	细长,纺锤形或菱形	细长,纺锤形或菱形	细长,纺锤形或菱形
壳瓣后背角	不明显或无	—	较明显	—
后肛角的形状	较凸出,近成直角	较尖	较凸出,近成直角	较尖
肛刺/个	8～11	4～5	9～14	5～6
精子形状及大小	—	4.5～6.0 μm,圆球形,表面有放射状结构	—	4.5～7.0 μm,圆球形,表面有放射状结构
文献来源	施心路、史新柏,1996[4];Orlova-Bienkowskaja,2001[5]			

参考文献

[1] 蒋燮志,堵南山.中国动物志·淡水枝角类[M].北京:科学出版社,1979.

[2] 陈受忠,施心路,史新柏.喜马拉雅低额溞:新亚种(甲壳纲:双甲目)[J].哈尔滨师范大学(自然科学学报),1992(1):91-95.

[3] 施心路,史新柏.中国低额溞属二新种和二新纪录(甲壳纲:双甲目:溞科)[J].动物分类学报,1994(4):403-411.

[4] 施心路,史新柏.黑龙江省低额溞属的种类及分布(鳃足纲:双甲目)[J].动物分类学报,1996(3):263-386.

[5] Orlova-Bienkowskaja M Y. Cladocera,Anomopoda:Daphniidae,genus *Simocephalus*. Backhuys [M]. Leiden,2001:10-129.

[6] 许友勤,陈寅山,林岗,等.宽吻低额溞:新亚种[J].福建师范大学学报(自然科学版),2002(3):66-68.

[7] 黄小娜.淡水枝角类低额溞属的形态分类和分子系统学研究[D].上海:华东师范大学,2014.

[8] 施心路,史新柏.微齿喜马拉雅低额溞的生殖与发育[J].动物学报,1996(3):287-296.

[9] Shi X L,Xu S,Xue C C,et al. Discovery of males of *Simocephalus himalayensis* (Cruestacea:Cladocera:*Simocephalus*):with the redescription of females [J]. Chinese Journal of Oceanology and Limnology,2010,29(1):206-212.

[10] Murugan N,Sivaramakrishnan K G. The biology of *Simocephalus acutirostratus* King (Cladocera:Daphnidae)-laboratory studies of life span,instar duration,egg production,growth and stages in embryonic development[J]. Freshwater Biology,1973(3):77-83. doi:10. 1111/j. 1365-2427. 1973. tb00063. x

[11] Kanaujia,D R. Life-cycle of *Simocephalus vetulus* (D. F. Muller 1976) (Cladocera:Daphniidae) under laboratory condition and the effect of food on the life-history [J]. Indian Journal of Animal Sciences,1988,58(12):1 457-1 642.

[12] 王丹丽,赖伟.拟老年低额溞的生长与生殖[J].水产学报,1990(4):304-312.

[13] Sharma,S and B K Sharma. Observation on the longgervity. Instar duration,fecundity,growth and embryonic development in *Simocephalus exspinosus* (koch) (Cladocera:Daphniidae) [J]. Indian Journal of Animal Sciences,1989,59 (9):1 206-1 210.

[14] 施心路,齐彩花,刘桂杰,等.温度对喜马拉雅低额溞生长与生殖的影响[J].水生生物学报,2010(4):794-805.

[15] Huang Xiaona,Shi Xinlu,Kotov Alexey A,et al. Confirmation through genetic analysis of the existence of many local phyloclades of the genus *Simocephalus* (Crustacea,Cladocera) in China. [J]. PloS one,2014,9(11). DOI:10. 1371/journal. pone. 0112808.

枝角类的生活史研究进展

前　言

枝角类是淡水浮游动物的重要组成部分，由于适口性好、营养全面、易培养，其饵料价值日渐被人们所认识。在鱼类的饵料中，枝角类具有较高的营养价值，能为鱼类的生长发育提供有利的帮助。[1]

该文对枝角类生活史进行了初步的调查研究。溞类中多数是广温性种类，只有少数种类的分布局限于冷水或暖水水域中。[2]从培养角度来看，一般 18～25 ℃的水温最适于溞类的生长和繁殖。

有关枝角类的生长、发育及生殖生物学等方面，国内庄德辉等[3]、宋大祥[4]、史新柏[5]、郑重[6]等先后对大型溞、裸腹溞、蚤状溞等进行过研究。近年来国外有关枝角类的文章较多，但大都集中在溞属(*Daphnia*)。对低额溞属的研究国内外都不多，国内目前只有堵南山[7]、王丹丽等[8]对老年低额溞进行过研究。本文对枝角类的生长、生殖以及发育进行初步调查统计，以期为进一步研究本属种类提供理论依据。

1　方　法

通过查阅国内外文献，对枝角类(小型溞、中型溞、大型溞)的生长、生殖以及发育进行初步调查、统计并分析。

2　结　果

对大型个体的溞类进行调查，结果汇总见表 1。培养温度在 30 ℃时，隆线溞和透明溞的最大体长分别为 3.04 mm 和 1.77 mm，幼龄期分别为 3.0 d 和 3.3 d，成龄期分别为 15.7 d 和 19.2 d，累计产卵量分别为 366 个和 96 个，寿命分别为 18.70 d 和 22.50 d。培养温度在 20 ℃时，透明溞、拟老年低额溞和美女溞的最大体长分别为 2.90 mm，2.26 mm

和3.50 mm,幼龄期分别为4.3 d,4.0 d和4.0 d,成龄期分别为45.9 d,15.0 d和14.0 d,累计产卵452个、205个和130个,寿命分别为50.10 d,50.20 d和14.00 d。培养温度在18 ℃时,蚤状溞的最大体长为2.79 mm,幼龄期为4.0 d,成龄期为42.4 d,累计产卵量为108个,寿命为50.30 d。培养温度在27～29 ℃时,老年低额溞的最大体长为2.48 mm,幼龄期为4.0 d,成龄期为18.0 d,累计产卵量为265个,寿命为41.46 d。培养温度在20～22 ℃时,棘爪低额溞的最大体长为2.24 mm,幼龄期为4.0 d,成龄期为14.0 d,累计产卵量为459个,寿命为42.88 d。培养温度在28～30 ℃ 时,尖吻低额溞的最大体长为3.20 mm,幼龄期为4.0 d,成龄期为18.0 d,累计产卵量为248个,寿命为44.00 d。

表1 大型枝角类

种类	培养温度/℃	最大体长/mm	幼龄期/d	成龄期/d	累计产卵量/个	寿命/d	资料来源
隆线溞	30	3.04	3.0	15.7	366	18.70	黄祥飞,1985[9]
透明溞	20	2.90	4.3	45.9	452	50.10	黄祥飞,1984[10]
	30	1.77	3.3	19.2	96	22.50	
蚤状溞	18	2.79	4.0	42.4	108	50.30	郑重,1954[11]
拟老年低额溞	20	2.26	4.0	15.0	205	50.20	王丹丽等,1990[8]
美女溞	20	3.50	4.0	14.0	130	14.00	郑重,1954[11]
老年低额溞	27～29	2.48	4.0	18.0	265	41.46	施心路、史新柏,1996[12]
棘爪低额溞	20～22	2.24	4.0	14.0	459	42.88	施心路、史新柏,1996[12]
尖吻低额溞	28～30	3.20	4.0	18.0	248	44.00	Murugan et al.,1973[13]

对中型个体的溞类进行调查,结果汇总见表2。培养温度在30 ℃时,平突船卵溞、微型裸腹溞、近亲裸腹溞、直额裸腹溞、发头裸腹溞和短尾秀体溞的最大体长分别为0.920 mm,1.040 mm,1.490 mm,1.229 mm,1.710 mm和1.440 mm,幼龄期分别为1.90 d,1.70 d,1.00 d,2.00 d,3.00 d和1.60 d,成龄期分别为16.9 d,9.0 d,14.7 d,11.0 d,7.0 d和13.2 d,累计产卵量分别为172.0个、48.0个、133.0个、155.6个、106.6个和69.0个,寿命分别为18.8 d,10.7 d,15.7 d,12.8 d,5.0 d和14.8 d。培养温度在20 ℃时,平突船卵溞、近亲裸腹溞及直额裸腹溞的最大体长分别为1.120 mm,1.740 mm和1.437 mm,幼龄期分别为4.00 d,3.00 d和3.00 d,成龄期分别为42.8 d,30.3 d和12.0 d,累计产卵量分别为178.0个、213.9个和194.2个,寿命分别为46.8 d,33.3 d和29.6 d。培养温度在28～30 ℃时,壳纹船卵溞的最大体长为0.920 mm,幼龄期为2.00 d,成龄期为17.0 d,累计产卵量为239.4个,寿命为20.5 d。培养温度在25 ℃时,发头裸腹溞和短尾秀体溞的最大体长分别为1.750 mm和1.390 mm,幼龄期分别为3.00 d和2.31 d,成龄期分别为6.0 d和14.3 d,累计产卵量分别为117.0个和66.0个,寿命分别为7.0 d和16.7 d。

对小型个体的溞类进行调查,结果汇总见表3。培养温度在30 ℃时,角突网纹溞和长额象鼻溞的最大体长分别为0.66 mm,0.50 mm,幼龄期分别为2.0 d,3.3 d,成龄期分别为9 d,11 d,累计产卵量分别为42个、45个,寿命分别为12 d,15 d。

表2　中型枝角类

种类	培养温度/℃	最大体长/mm	幼龄期/d	成龄期/d	累计产卵量/个	寿命/d	资料来源
平突船卵溞	20	1.120	4.00	42.8	178.0	46.8	黄祥飞,1985[9]
	30	0.920	1.90	16.9	172.0	18.8	
微型裸腹溞	30	1.040	1.70	9.0	48.0	10.7	黄祥飞,1985[9]
近亲裸腹溞	20	1.740	3.00	30.3	213.9	33.3	黄祥飞,1983[14]
	30	1.490	1.00	14.7	133.0	15.7	
短尾秀体溞	25	1.390	2.30	14.3	66.0	16.7	黄祥飞,1985[9]
	30	1.440	1.60	13.2	69.0	14.8	
直额裸腹溞	20	1.437	3.00	12.0	194.2	29.6	王如平、赵凯,1995[15]
	30	1.229	2.00	11.0	155.6	12.8	
壳纹船卵溞	28～30	0.920	2.00	17.0	239.4	20.5	Murugan et al.,1976[16]
发头裸腹溞	25	1.750	3.00	6.0	117.0	7.0	Murugan,2006[17]
	30	1.710	3.00	7.0	106.6	5.0	

表3　小型枝角类

种类	培养温度/℃	最大体长/mm	幼龄期/d	成龄期/d	累计产卵量/个	寿命/d	资料来源
角突网纹溞	30	0.66	2.0	9	42	12	Murugan,1976[18]
长额象鼻溞	30	0.50	3.3	11	45	15	Urabe,1991[19]

3　讨　论

根据表1、表2、表3的数据统计得出以下结论:

(1) 温度不同,将直接影响小型溞、中型溞、大型溞类的体长和寿命,在适宜条件下,温度越高,体长和寿命就越长。温度是溞类生长发育的主要因素。

(2) 同一种溞类,在20 ℃和30 ℃的环境条件下培养,成龄期和幼龄期也有着明显的不同。温度越高,则成龄期和幼龄期的天数就越长。

(3) 在适宜条件下,培养温度的变化,也将直接影响溞类的产卵量,温度越高产卵量就越少。

可见培养温度是直接决定小型溞、中型溞、大型溞的体长、成龄期、幼龄期、寿命、产卵量的因素。

3.1 生长

一般情况下，在低温条件下培养的枝角类个体要比在高温下的大些（指 18～30 ℃）。例如，透明溞在 20 ℃时最大体长为 2.90 mm，在 30 ℃时最大体长为 1.77 mm。在不同温度下，不同溞类的幼龄期、成龄期和寿命也有明显的差异。温度越高，溞类幼龄数和成龄数越少，寿命越短。例如，平突船卵溞在 20 ℃时，幼龄期、成龄期和寿命分别为 4.00 d，42.8 d 和 46.8 d；在 30 ℃时，幼龄期、成龄期和寿命分别为 1.90 d，16.9 d，18.8 d。

3.2 生物学规律

从表 1、表 2、表 3 来看，温度是决定溞类生长生殖的主要因素之一。不同的溞类在不同的培养温度条件下，它的体长、成龄期、幼龄期、寿命、产卵量也有着明显的不同，温度的高低将直接影响溞类的生长生殖。可见对于溞类的生殖培养，对培养温度的控制有着至关重要的作用。

3.3 生殖

就累计产卵量而言，温度越高则累计产卵量越低（指 18～30 ℃）。例如，透明溞，培养温度在 20 ℃和 30 ℃条件下，它的累计产卵量分别为 452 个和 96 个；培养温度在 20 ℃条件下，产卵量很明显高于 30 ℃条件下的产卵量。可见，温度是决定产卵量的主要因素。

3.4 价值

枝角类是淡水鱼类的优质饵料，研究枝角类的生长生殖，可为人工培养枝角类提供依据，同时也是次级生产力研究中一项必不可少的工作。本文通过对不同溞类的生活环境所需温度条件的不同，对大型溞、中型溞、小型溞进行初步研究，从而了解在不同温度条件下，不同溞类的生长生殖情况，以便为人工培养提供有利的帮助。而从大型溞、中型溞、小型溞的研究来看，大型溞类更有利于人工培养。大型溞类培育温度在 18～30 ℃时，体型较大，幼龄期和成龄期较长，累计产卵量较多，寿命较长，是为淡水鱼类提供优质饵料的不错选择，适合于大面积培养。而中型溞和小型溞相对于大型溞而言，培养和繁殖都较为困难，体型相对较小，不太利于大面积培养，因而不是淡水鱼类培养饵料的优先选择。

参考文献

[1] 郑重. 淡水枝角类的生殖[J]. 动物学杂志，1959(1)：22-27.

[2] 沈嘉瑞，宋大祥，戴爱云．溞类的生态及其培养方法[J]．中国科学院动物研究所，1962(4)：9-10.

[3] 庄德辉，何志辉．食物条件对蒙古裸腹溞的生长和生殖的初步观察[J]．生物学杂志，1988(3、4)：34-37.

[4] 宋大祥．大型溞(*Daphnia magna* Straus)的初步培养研究[J]．动物学报，1962(1)：25-30.

[5] 史新柏．用栅藻培养水溞的实验[M]．北京：科学出版社，1965.

[6] 郑重．温度对于淡水枝角水溞生殖的影响[J]．厦门大学学报，1953(4)：29-36.

[7] 堵南山，赖伟，邓雪怀，等．食物多少对拟老年低额溞种量的影响[J]．华东师范大学学报(自然科学版)，1982(1)：103-108.

[8] 王丹丽，赖伟．拟老年低额溞的生长与生殖[J]．水产学报，1990(4)：304-311.

[9] 黄祥飞．三种淡水枝角类生物学的研究[J]．海洋与湖沼，1985(3)：45-47.

[10] 黄祥飞．温度对透明溞和隆线溞：亚种发育及生长的影响[J]．水生生物学集刊，1984(2)：207-224.

[11] 郑重．淡水枝角类的生殖[J]．厦门大学学报，1954(4)：83-91.

[12] 施心路，史新柏．微齿喜马拉雅低额溞的生殖与发育[J]动物学报，1996(9)：288-289.

[13] Murugan N, Sivaramakrishnan K G. The biology of *Simocephalus acutirostratus* King (Cladocera: Daphnidae)-laboratory studies of life span, instar duration, egg production, growth and stages in embryonic development[J]. Freshwater Biology, 1973(3): 77-83. doi:10.1111/j.1365-2427.1973.tb00063.x

[14] 黄祥飞．温度对近亲裸腹溞发育、生长和卵的生产量的影响[J]．水生生物学集刊，1983(1)：108-110.

[15] 王如平，赵凯．直额裸腹蚤生长生殖的研究[J]．生物学杂志，1995(4)：22-23.

[16] Murugan N, Sivaramakrishnan K G. Laboratory studies on the longevity, instar duration, growth, reproduction and embryonic development in *Scapholeberis* kingi sars (1903) (Cladocera: Daphnidae) [J]. Hydrobiologia, 1976, 50(1): 75-80.

[17] Murugan N. Egg production, development and growth in *Moina micrura* Kurz (1874) (Cladocera: Moinidae)[J]. Freshwater Biology, 2006, 5(3):245-250.

[18] Murugan N. The biology of *Ceriodaphnia cornuta* Sars (Cladocera: Daphnidae) [India]. [J]. Journal of the Inland Fisheries Society of India, 1976(7):80-87.

[19] Urabe J. Effect of food concentration on growth, reproduction and survivorship of *Bosmina longirostris* (Cladocera)[J]. Freshwater Biology, 1991, 25(1):1-8.

剑江河城区段枝角类群落春、夏季变化与水质关系研究

前　言

剑江河是都匀的母亲河，发源于斗篷山，它由北至南穿过都匀市区，流程 91.2 千米，集水面积为 1 152.6 平方千米。剑江河使都匀充满生机，充满活力，充满灵气，使都匀成为贵州乃至中国西部最美的城市之一。剑江景区资源丰富，是一个集自然山水、园林、桥梁、文物古迹、民族风情为一体的独具特色的风景区，共有景物景观 15 处，包括：喀斯特尧林溶洞自然景物景观，百子桥、都匀大桥、银狮桥等元明时期至现代建造风格各异的桥梁近百座，人民广场、江滨红翠、城市雕塑、文峰园、东山公园、西山公园、青云湖森林公园、植物园、东山烈士陵园、西部斗牛城等风格各异的园景，文峰塔、石板街建筑群、张翀摩崖、明永历皇帝陵等胜迹。剑江如处子，平静而优雅，多情而纯洁，像一首流动在城市的歌，像一位伟大诗人写下的与时俱进的壮丽诗篇。青山、绿树、高楼倒映河中，随着微风而起伏。主要旅游项目为"十里剑江看匀城"，游客可以泛舟河上，听古朴风格芦笙声，观高原桥城的独特风貌，感少数民族风情，听少数民族山歌对唱，品都匀毛尖茶等。在每个节假日黄金周期间，都匀市都会在剑江河上开展许多参与性强、观赏性足的活动。在河面上举办龙舟大赛、冬泳比赛、抢鸭子比赛、独竹漂等，同时组织数百名铜鼓手、芒筒手、长号手助兴。赛事期间，河岸人声鼎沸，鼓乐齐鸣，欢呼声、呐喊声与江河一起欢腾，真正成为欢乐的海洋。沿江两岸莺语花香，青山染黛，游人如织。都匀自古多桥，城内风格各异的桥梁 100 余座，故有"高原桥城"之美称。2004 年 2 月，都匀斗篷山-剑江风景名胜区经国务院批准列入第四批国家级风景名胜区名单。[1]

枝角类，隶属于节肢动物门甲壳纲鳃足亚纲枝角目，广泛分布于淡水、海水和内陆半咸水中。迄今为止，中国已发现的淡水枝角类有 200 多种，海水枝角类有 5 种。[2]枝角类在淡水生态系统的食物网络和能量转换中起重要作用。[3]我国渔民很早就掌握了发塘技术（发塘技术是指把鱼苗经 20～25 d 饲养，长到 3 cm 左右，称为"夏花"，也指育苗培育），懂得在鱼池中培养枝角类作为稚鱼、幼鱼的饲料。随着生产养殖业的发展，枝角类作为

水产动物鱼苗种的活饲料，正越来越被人们所关注，有关枝角类的生长、繁殖、人工培养和饲料价值等的研究正在逐渐深入。枝角类的适应性广，繁殖力强，生长迅速，且营养价值高，干重粗蛋白含量达55%，是鲢、鳙、鲤、鲫等常规养殖鱼类鱼苗培育阶段和特种水产养殖幼体阶段的适口、易得的好饵料。[2]枝角类种类组成及数量变动往往制约着经济鱼类的丰度。[3]枝角类的食性有两种：淡水枝角类主要滤食水中的细菌、单细胞藻类和原生动物[2]，还能摄取水中大量有机碎屑，对水体净化起着重要作用；对毒性物质反应灵敏，是理想的水体毒理实验材料和污染指示生物[4]；在种类组成、数量变动上的特点在一定程度上反映了水体水质的好坏。[5]因此，根据枝角类分布种类和丰度，在一定程度上可推测水体的环境状况，为环境监测及保护水资源提供参考。[5]由于最近几年都匀市经济快速发展，城市人口增多，剑江河水体污染严重，尤其是城区江段污染最为严重，政府为了治理该河段花费了巨资，但效果不是很好。因为枝角类有一定的净化水质的功能，故对剑江河城区段枝角类与其水质的关系进行研究以期对剑江河水质评价和治理提供理论依据。

1 研究方法

1.1 采样点的设置

根据中国通常采用的“候温四季划分法”，贵州12月至翌年2月为冬季，3月至5月为春季，6月至9月为夏季，10月至11月为秋季。[6]因此本实验采样时间选取为2016年春(4～5月)、夏(6～9月)两个季节。在对水域环境区域及污染程度差异的初步考察基础上，确定剑江河城区段的马塞桥(MQ)、灵智广场(LC)、帝景豪园(DY)、电信大楼(DL)、彩虹桥(CQ)、水榭花都(SD)、南沙洲(NZ)、云宫花城(YC)8个地点附近的水体为采样点。

1.2 采集用具

浮游生物网、广口瓶、收集瓶、温度计等。

1.3 材料用具

烧杯、培养皿、离心管、吸管、载玻片、解剖镜、光学显微镜、荧光显微镜、笔、记录本。

1.4 实验步骤

1.4.1 样品采集、处理与鉴定方法

每个采样点4～8月每个月月初采样一次，采样前先用温度计测一下水温，然后用浮游生物网于水平及垂直方向按“∞”字形缓慢拖网，然后把网内的枝角类收集于广口瓶

内。此步骤重复几次后把广口瓶中的水样倒入收集瓶中。每个采样点采集两瓶水样，一瓶用于枝角类物种鉴定，另一瓶则用于测其水质状况，每瓶水样都要贴上标签，标签上注明时间、地点和水温，还要记录当天外界的温度以及当天的天气状况。采样时选择水流平静的以及含有水生植物的地方。因为如果水流太急的话，微小的水生生物会被水冲走，还有枝角类一般都会在含有水生植物的地方生活。采样最好选择在晴天或者雨后几天。[7]

将采集回来含有物种的水样用浮游生物网进行过滤，再把网放在装有清水的培养皿中冲洗几下直至网中的生物全都放在培养皿中为止；然后把培养皿放在解剖镜下观察，在解剖镜下把枝角类挑选出来放在载玻片上，把载玻片置于光学显微镜下观察并拍照。此步骤反复进行直至把培养皿中所含的不同枝角类物种拍完照为止(一个物种挑选一两只状态活跃的成年母体进行拍照)。拍照时先在 4 倍镜下拍至少 3 张轮廓清楚的整体照片，然后转 10 倍镜下拍头部至少 3 张，后腹部至少 3 张，腹部、背部和尾部也至少 3 张。根据《中国动物志(淡水枝角类)》进行枝角类样品鉴定[7]，鉴定到种，统计出每种的数目及所属科属情况。[8]

1.4.2 理化因子的测定

将采集的另一瓶水样进行水质检测即理化因子的测定，水体理化因子除温度现场测定外，其他都带回实验室用水质分析仪进行测定[9]，并将检测到的数据进行整理。

枝角类的物种多样指数和均匀度指数，分别采用以下计算公式：

Shannon-Weaver 多样性指数(H)：

$$H = -\sum n_i \log(2n_i/N)$$

式中，n_i 为 i 种的个体数，N 为总个体数。

均匀度指数(J)：

$$J = H/\ln S$$

式中，S 为种数。

2 结果与分析

2.1 剑江河城区段的理化因子

马塞桥区段的剑江河水春季的 pH 为 6.9，水质偏酸性；夏季为 7.6，水质偏碱性。灵智广场区段的剑江河水春季的 pH 为 7.2，夏季为 7.6，水质偏碱性。帝景豪园区段的剑江河水春、夏季的 pH 分别为 7.8 和 7.9，水质偏碱性。电信大楼区段的剑江河水春、夏季的 pH 分别为 7.3 和 7.7，水质偏碱性。彩虹桥区段的剑江河水春、夏季的 pH 分别为 7.5 和 7.6，水质偏碱性。水榭花都区段的剑江河水春、夏季的 pH 分别为 7.1 和 7.9，水质偏碱性。南沙洲区段的剑江河水春、夏季的 pH 分别为 7.7 和 7.9，水质偏碱性。云宫花城区段的剑江河水春、夏季的 pH 分别为 7.8 和 7.6，水质偏碱性(如图 1 所示)。

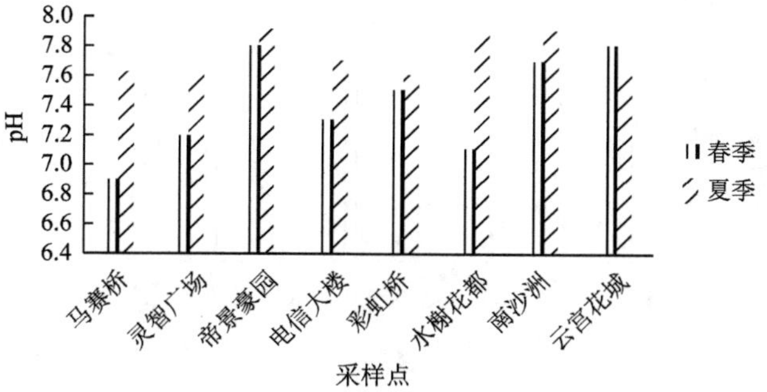

图 1　各个采样点区段的剑江河水的 pH 春、夏季变化

8 个采样点区段的剑江河水春、夏季氨氮的含量变化如图 2 所示，马塞桥分别为 0.77 mg/L 和 0.76 mg/L，灵智广场分别为 0.59 mg/L 和 1.30 mg/L，帝景豪园分别为 0.41 mg/L 和 0.39 mg/L，电信大楼分别为 0.16 mg/L 和 0.49 mg/L，彩虹桥分别为 0.83 mg/L 和 1.46 mg/L，水榭花都分别为 0.98 mg/L 和 1.09 mg/L，南沙洲分别为 1.30 mg/L 和 1.02 mg/L，云宫花城分别为 1.12 mg/L 和 1.13 mg/L。

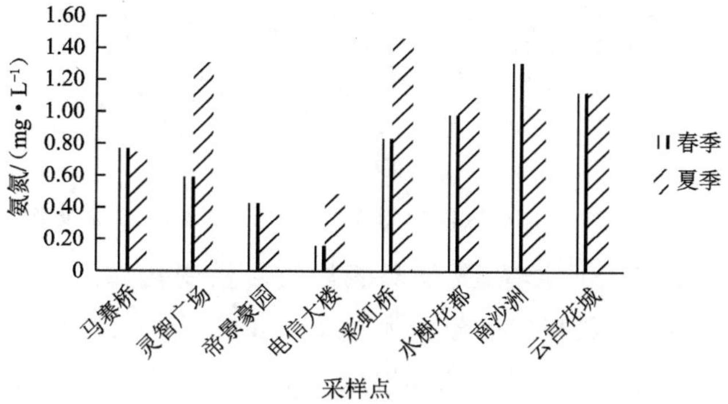

图 2　各个采样点区段的剑江河水中氨氮含量春、夏季变化

8 个采样点区段的剑江河水春、夏季亚硝酸盐氮的含量变化如图 3 所示，马塞桥分别为 0.10 mg/L 和 0.04 mg/L，灵智广场分别为 0.04 mg/L 和 0.15 mg/L，帝景豪园分别为 0.04 mg/L 和 0.02 mg/L，电信大楼分别为 0.06 mg/L 和 0.05 mg/L，彩虹桥分别为 0.21 mg/L 和 0.07 mg/L，水榭花都分别为 0.05 mg/L 和 0.11 mg/L，南沙洲分别为 0.11 mg/L 和 0.07 mg/L，云宫花城分别为 0.15 mg/L 和 0.07 mg/L。

8 个采样点区段的剑江河水春、夏季铬的含量变化如图 4 所示，马塞桥分别为 0.14 mg/L 和 0.13 mg/L，灵智广场分别为 0.17 mg/L 和 0.14 mg/L，帝景豪园分别为 0.16 mg/L 和 0.14 mg/L，电信大楼分别为 0.14 mg/L 和 0.17 mg/L，彩虹桥分别为 0.13 mg/L 和 0.11 mg/L，水榭花都分别为 0.14 mg/L 和 0.11 mg/L，南沙洲分别为 0.10 mg/L 和 0.14 mg/L，云宫花城分别为 0.14 mg/L 和 0.16 mg/L。

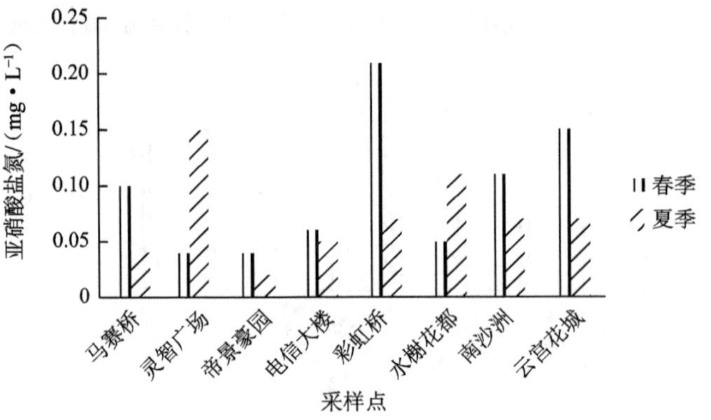

图 3 各个采样点区段的剑江河水中亚硝酸盐氮含量春、夏季变化

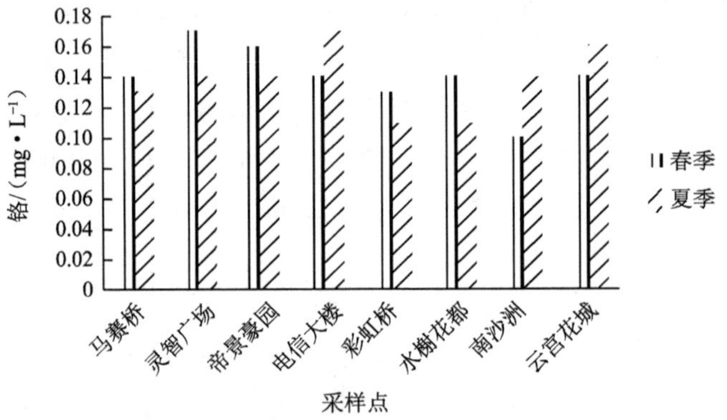

图 4 各个采样点区段的剑江河水中铬含量春、夏季变化

8 个采样点区段的剑江河水春、夏季磷酸盐的含量变化如图 5 所示，马塞桥分别为 0.20 mg/L 和 0.24 mg/L，灵智广场分别为 0.13 mg/L 和 0.12 mg/L，帝景豪园分别为 0.07 mg/L 和 0.04 mg/L，电信大楼分别为 1.10 mg/L 和 0.16 mg/L，彩虹桥分别为 0.13 mg/L 和 0.24 mg/L，水榭花都分别为 0.13 mg/L 和 0.07 mg/L，南沙洲分别为 0.27 mg/L 和 0.43 mg/L，云宫花城分别为 0.20 mg/L 和 0.07 mg/L。

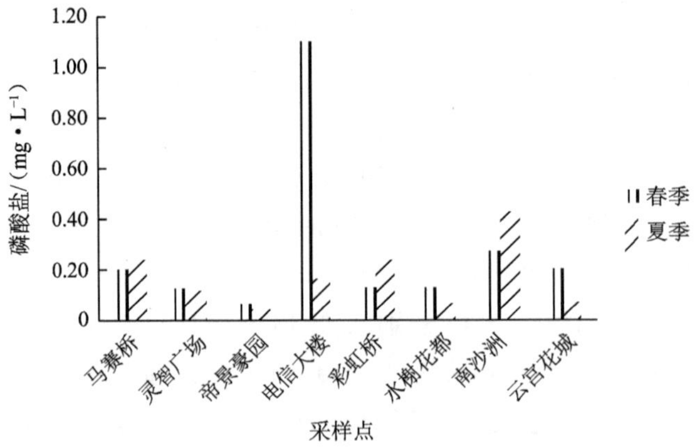

图 5 各个采样点区段的剑江河水中磷酸盐含量春、夏季变化

8个采样点区段的剑江河水春、夏季铁的含量变化如图6所示，马塞桥分别为0.24 mg/L和0.02 mg/L，灵智广场分别为0.52 mg/L和0.08 mg/L，帝景豪园分别为0.13 mg/L和0.13 mg/L，电信大楼分别为0.18 mg/L和0.20 mg/L，彩虹桥分别为0.12 mg/L和0.31 mg/L，水榭花都分别为0和0.13 mg/L，南沙洲分别为0.15 mg/L和0.04 mg/L，云宫花城分别为0.08 mg/L和0.01 mg/L。

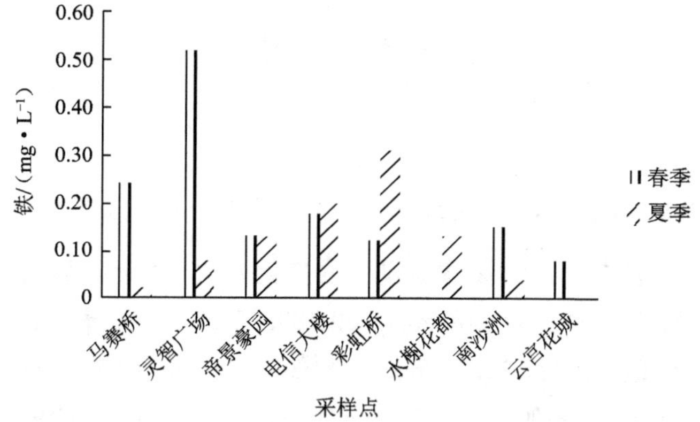

图6　各个采样点区段的剑江河水中铁含量春、夏季变化

8个采样点区段的剑江河水春、夏季总碱度的含量变化如图7所示，马塞桥分别为204 mg/L和168 mg/L，灵智广场分别为124 mg/L和141.33 mg/L，帝景豪园分别为163.50 mg/L和103.67 mg/L，电信大楼分别为113 mg/L和191.33 mg/L，彩虹桥分别为146.50 mg/L和137.33 mg/L，水榭花都分别为103.50 mg/L和207.33 mg/L，南沙洲分别为124 mg/L和231.33 mg/L，云宫花城分别为126.50 mg/L和198.67 mg/L。

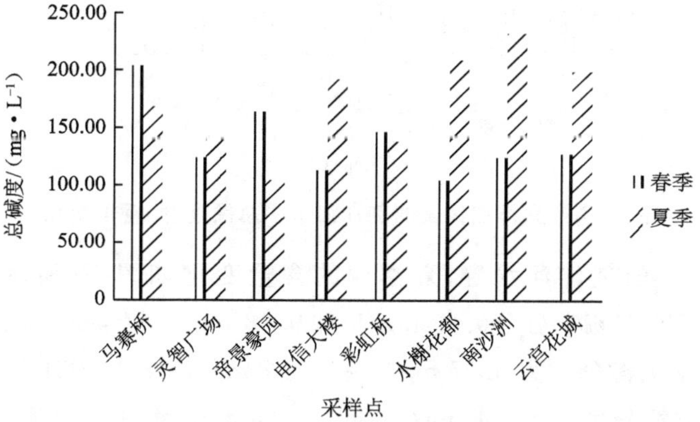

图7　各个采样点区段的剑江河水中总碱度含量春、夏季变化

8个采样点区段的剑江河水春、夏季硫化物的含量变化如图8所示，马塞桥分别为0.010 mg/L和0，灵智广场分别为0.030 mg/L和0.010 mg/L，帝景豪园都为0，电信大楼分别为0和0.010 mg/L，彩虹桥分别为0.010 mg/L和0.020 mg/L，水榭花都分别为0.010 mg/L和0，南沙洲分别为0.010 mg/L和0，云宫花城都为0。

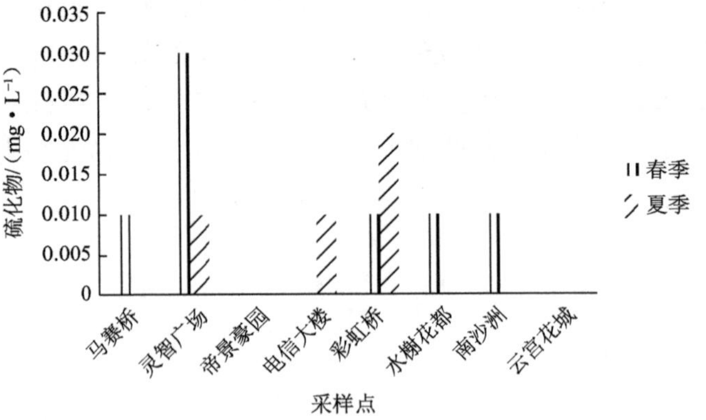

图 8　各个采样点区段的剑江河水中硫化物含量春、夏季变化

8 个采样点区段的剑江河水春、夏季总硬度的变化如图 9 所示，马塞桥分别为 219 mg/L 和 178.33 mg/L，灵智广场分别为 148 mg/L 和 189.33 mg/L，帝景豪园分别为 196 mg/L 和 259 mg/L，电信大楼分别为 152.50 mg/L 和 363.33 mg/L，彩虹桥分别为 197 mg/L 和 152.67 mg/L，水榭花都分别为 183.50 mg/L 和 214 mg/L，南沙洲分别为 166 mg/L 和 216 mg/L，云宫花城分别为 278.50 mg/L 和 263.33 mg/L。

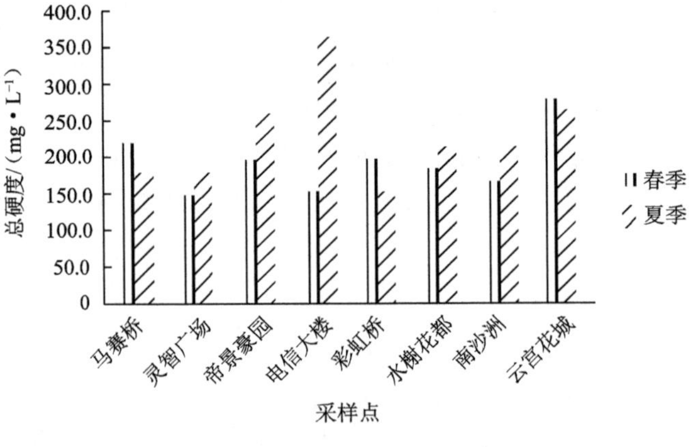

图 9　各个采样点区段的剑江河水中总硬度春、夏季变化

8 个采样点区段的剑江河水春、夏季铜的含量变化如图 10 所示，马塞桥分别为 0.04 mg/L 和 0，灵智广场分别为 0.02 mg/L 和 0.03 mg/L，帝景豪园分别为 0.18 mg/L 和 0.03 mg/L，电信大楼分别为 0.07 mg/L 和 0.17 mg/L，彩虹桥分别为 0.11 mg/L 和 0.06 mg/L，水榭花都分别为 0.04 mg/L 和 0.03 mg/L，南沙洲分别为 0.02 mg/L 和 0.02 mg/L，云宫花城分别为 0.02 mg/L 和 0.02 mg/L。

8 个采样点区段的剑江河水春、夏季余氯的含量变化如图 11 所示，马塞桥分别为 0.01 mg/L 和 0.07 mg/L，灵智广场分别为 0 和 0.03 mg/L，帝景豪园分别为 0.05 mg/L 和 0.01 mg/L，电信大楼分别为 0 和 0.17 mg/L，彩虹桥分别为 0.09 mg/L 和 0.09 mg/L，水榭花都分别为 0.03 mg/L 和 0.04 mg/L，南沙洲都为 0，云宫花城也都为 0。

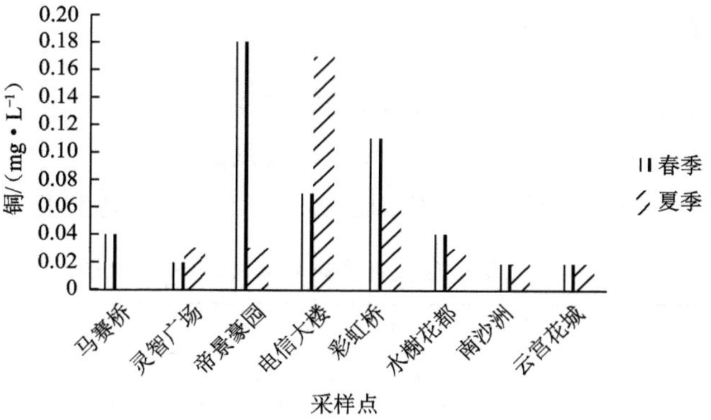

图 10　各个采样点区段的剑江河水中铜含量春、夏季变化

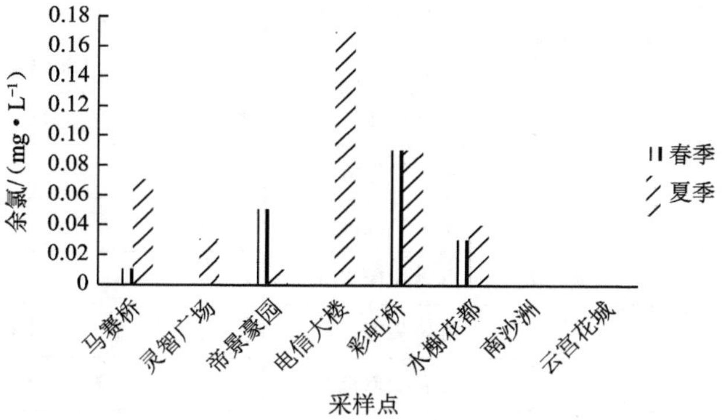

图 11　各采样点区段的剑江河水中余氯含量春、夏季变化

8 个采样点区段的剑江河水春、夏季温度变化如图 12 所示，马塞桥分别为 16.5 ℃和 21 ℃，灵智广场分别为 17 ℃和 20.7 ℃，帝景豪园分别为 15 ℃和 22.3 ℃，电信大楼分别为 16 ℃和 21.7 ℃，彩虹桥分别为 16 ℃和 22 ℃，水榭花都分别为 14.5 ℃和 22 ℃，南沙州分别为 15.5 ℃和 22.3 ℃，云宫花城分别为 15.5 ℃和 22 ℃。

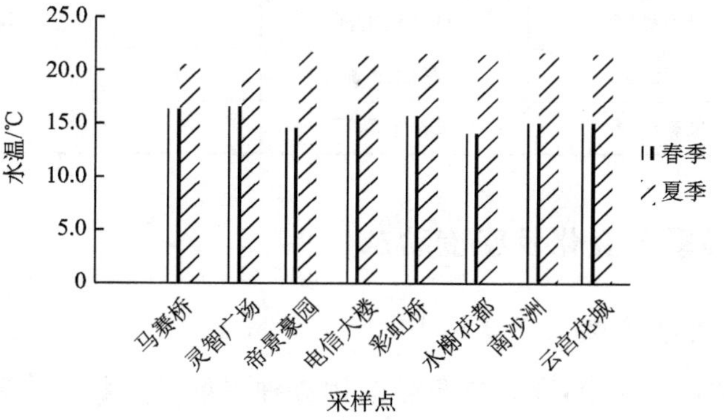

图 12　各个采样点区段的剑江河水水温春、夏季变化

2.2 各采样点枝角类组成

在马塞桥(MQ)、灵智广场(LC)、帝景豪园(DY)、电信大楼(DL)、彩虹桥(CQ)、水榭花都(SD)、南沙洲(NZ)、云宫花城(YC))采样点区段的剑江河水中共检测到枝角类5科11属20种,20种中没有未定种,20种均为世界广泛分布种,见表1。

表1 剑江河城区段各个采样点枝角类物种统计

科名	属名	种名	采样点
溞科	网纹溞属	方形网纹溞	MQ
	低额溞属	老年低额溞	LC,MQ,YC,DY,DL,NZ,CQ
		拟老年低额溞	MQ,DY,DL,YC
		西伯利亚低额溞	DL
	溞属	蚤状溞	SD,CQ,DL,LC
	船卵溞属	平突船卵溞	DY,YC,DL
		壳纹船卵溞	DL
盘肠溞科	尖额溞属	无纹尖额溞	DY
		点滴尖额溞	DY
		秀体尖额溞	DL,CQ
		奇异尖额溞	DL,YC
	异尖额溞属	吻状异尖额溞	MQ
	盘肠溞属	球形伪盘肠溞	DL
		形盘肠溞	MQ,LC CQ,DY,DL,YC,NZ
裸腹溞科	裸腹溞属	直额裸腹溞	DL,CQ
		发头裸腹溞	DL,MQ
		微型裸腹溞	NZ
粗毛溞科	粗毛溞属	粉红粗毛溞	MQ
	泥溞属	底栖泥溞	YC
象鼻溞科	象鼻溞属	长额象鼻溞	NZ

2.3 枝角类季节变化及密度动态

2.3.1 枝角类季节变化

马塞桥区段的剑江河中,春季枝角类的优势种主要是吻状异尖额溞和老年低额溞,夏季枝角类优势种为老年低额溞。灵智广场区段的剑江河中,春、夏季的优势种都是老年低额溞和圆形盘肠溞。帝景豪园区段的剑江河中,春季枝角类的优势种主要是圆形盘肠溞和平突船卵溞,夏季枝角类的优势种是拟老年低额溞和老年低额溞。电信大楼区段的剑江河中，春季枝角类的优势种主要是圆形盘肠溞，夏季枝角类的优势种为蚤状溞和壳纹船卵溞。彩虹桥区段的剑江河中，春季枝角类的优势种主要是秀体尖额溞和老年低额溞，夏季枝角类的优势种为直额裸腹溞。水榭花都区段的剑江河中，春季没有检测到枝角类，夏季枝角类的优势种主要是蚤状溞。南沙洲区段的剑江河中，春季枝角类的优势种主要是卵形盘肠溞和长额象鼻溞；夏季由于河水淹没了采样点，所以没有采集到枝角类。云宫花城区段的剑江河中，春季枝角类的优势种主要是老年低额溞和平突船卵溞，夏季枝角类的优势种为底栖泥溞和平突船卵溞。

2.3.2 枝角类密度动态

如表 2 所示，马塞桥采样点的老年低额溞春季的密度平均值为 30.20 个/升，夏季则减少为 14.5 个/升，没有出现季节性的消失，只是逐渐减少。拟老年低额溞在春季的平均密度为 10.06 个/升，夏季未检测到。平突船卵溞和蚤状溞在春、夏季都未检测到。圆形盘肠溞春季的密度平均值达到 33.56 个/升，夏季却未检测到。

灵智广场采样点的老年低额溞春季的密度平均值为 8.39 个/升，夏季密度平均值为 5.87 个/升，春、夏季密度相差不大。拟老年低额溞和平突船卵溞在春、夏季未检测到。蚤状溞在春季的平均密度为 1.67 个/升，夏季未检测到。圆形盘肠溞春季的密度平均值为 3.36 个/升，夏季密度平均值达到 10.10 个/升。

帝景豪园采样点的老年低额溞春季的密度平均值为 3.36 个/升，夏季平均密度上升为 10.10 个/升。拟老年低额溞在春、夏季的平均密度基本相似，分别为 13.10 个/升和 13.40 个/升。平突船卵溞在春、夏季的平均密度相差很大，春季平均密度最高达到 26.90 个/升，夏季则降低到 3.36 个/升。蚤状溞在春、夏季均未检测到。圆形盘肠溞春季的密度平均值达到 5.87 个/升，夏季却未检测到。

电信大楼采样点的老年低额溞春、夏季均未检测出。拟老年低额溞在春季的平均密度为 17.6 个/升，夏季却未检测到。平突船卵溞在春、夏季的平均密度相差很大，春季平均密度最高达到 13.4 个/升，夏季则降低到 3.36 个/升。蚤状溞在春季未检测出，夏季平均密度达到 169.00 个/升。圆形盘肠溞春季的密度平均值达到 45.3 个/升，夏季却未检测到。

彩虹桥采样点的老年低额溞春季的密度平均值为 6.71 个/升，夏季密度平均值为 8.39 个/升。拟老年低额溞和平突船卵溞春、夏季均未检测到。蚤状溞在春季未检测到，夏季的平均密度为 50.30 个/升。圆形盘肠溞春季的密度平均值为 5.00 个/升，夏季却未检测到。

水榭花都采样点的老年低额溞、拟老年低额溞、平突船卵溞和圆形盘肠溞春、夏季均未检测到。蚤状溞春季未检测到，夏季的密度平均值为 60 个/升。

南沙洲采样点的拟老年低额溞、平突船卵溞和蚤状溞春、夏季均未检测到。老年低额溞春季的密度平均值为 25.2 个/升，夏季未检测到。圆形盘肠溞夏季的密度平均值达到 30.2 个/升，夏季却未检测到。

云宫花城采样点的老年低额溞春季的密度平均值为 14.5 个/升，夏季的密度平均值为 1.67 个/升。拟老年低额溞春季的平均密度为 20.1 个/升，夏季未检测到。平突船卵溞春、夏季的密度平均值分别为 46.6 个/升和 101.00 个/升，夏季比春季的密度平均值高出了一半。蚤状溞在春、夏季未检测到。圆形盘肠溞春季的密度平均值为 11.7 个/升，夏季未检测到。

表 2 剑江河各个采样点枝角类常见种密度平均值动态 单位：个/升

枝角类	马塞桥		灵智广场		帝景豪园		电信大楼		彩虹桥		水榭花都		南沙洲		云宫花城	
	春	夏	春	夏	春	夏	春	夏	春	夏	春	夏	春	夏	春	夏
老年低额溞	30.20	14.5	8.39	5.87	3.36	10.10	0	0	6.71	8.39	0	0	25.2	0	14.5	1.67
拟老年低额溞	10.06	0	0	0	13.10	13.40	17.6	0	0	0	0	0	0	0	20.1	0
平突船卵溞	0	0	0	0	26.90	3.36	13.4	3.36	0	0	0	0	0	0	46.6	101.00
蚤状溞	0	0	1.67	0	0	0	0	169.00	0	50.30	0	60	0	0	0	0
圆形盘肠溞	33.56	0	3.36	10.10	5.87	0	45.3	0	5.00	0	0	0	30.2	0	11.7	0

2.3.3 8 个采样点的枝角类的多样性

从表 3 可见，马塞桥采样点春季枝角类共有 7 种，多样性为 2.482，均匀度为 1.275；夏季枝角类有 1 种，多样性为和均匀度均为 0。灵智广场采样点春季的枝角类共有 3 种，多样性为 1.325，均匀度为 1.206；夏季枝角类有 2 种，多样性为 1.108，均匀度为 1.599。帝景豪园采样点春季的枝角类共有 6 种，多样性为 2.109，均匀度为 1.177；夏季枝角类有 3 种，多样性为 1.438，均匀度为 1.309。电信大楼采样点春季的枝角类共有 9 种，多样性为 3.042，均匀度为 1.384；夏季枝角类有 5 种，多样性为 0.970，均匀度为 0.602。彩虹桥采样点春季的枝角类共有 4 种，多样性为 2.003，均匀度为 1.444；夏季枝角类有 3 种，多样性为 1.095，均匀度为 0.997。水榭花都采样点春季的枝角类未检测到，多样性、均匀度均为 0；夏季枝角类有 1 种，多样性、均匀度均为 0。南沙洲采样点春季的枝角类共有 5 种，多样性为 2.222，均匀度为 1.381；夏季枝角类未检测到，多样性、均匀度均为 0。云宫花城采样点春季的枝角类共有 5 种，多样性为 2.198，均匀度为 1.366；夏季枝角类有 3 种，多样性为 0.400，均匀度均为 0.370。

表 3 8 个采样点的枝角类的多样性季节动态

季节	多样性指标	马塞桥	灵智广场	帝景豪园	电信大楼	彩虹桥	水榭花都	南沙洲	云宫花城
春季	种类数 S	7	3	6	9	4	0	5	5
	多样性 H	2.482	1.325	2.109	3.042	2.003	0	2.222	2.198
	均匀度 J	1.275	1.206	1.177	1.384	1.444	0	1.381	1.366
夏季	种类数 S	1	2	3	5	3	1	0	3
	多样性 H	0	1.108	1.438	0.970	1.095	0	0	0.400
	均匀度 J	0	1.599	1.309	0.602	0.997	0	0	0.370

3 讨 论

各个采样点的剑江河水夏季的pH＞7.5，总体上偏碱性。除云宫花城采样点的剑江河水的pH是春季高于夏季外，其他采样点的剑江河水的pH的变化规律是夏季高于春季；春季除马塞桥采样点的剑江河水水质偏酸性外，其他采样点的剑江河水水质都是偏碱性(如图1所示)。8个采样点的水温春、夏季变化明显，主要是由当地气候决定，它们之间的季节差异不是很大(如图12所示)。春季中南沙洲采样点的剑江河水氨氮的含量最高为1.30 mg/L，电信大楼采样点的剑江河水中的氨氮含量最低为0.16 mg/L；夏季中彩虹桥采样点的剑江河水中的氨氮含量最高为1.46 mg/L，帝景豪园采样点的剑江河水中的氨氮含量最低，两者相差1.07 mg/L。总体季节变化不规律(如图2所示)。彩虹桥采样点的剑江河水中的亚硝酸盐氮含量在春季最高达0.21 mg/L，灵智广场和帝景豪园采样点的剑江河水中的亚硝酸盐氮的含量最低为0.04 mg/L；夏季灵智广场采样点的剑江河水中的亚硝酸盐氮含量最高，帝景豪园采样点的剑江河水中的亚硝酸盐氮含量最低。总体季节变化不规律(如图3所示)。马塞桥、灵智广场、帝景豪园、彩虹桥和水榭花都这几个采样点的剑江河水中铬的含量都是春季高于夏季，灵智广场采样点的剑江河水中铬的含量春季最高达到0.17 mg/L，剩下的几个采样点的剑江河水中铬的含量都是夏季高于春季，电信大楼采样点的剑江河水中铬的含量夏季最高也达0.17 mg/L(如图4所示)。春季磷酸盐含量最高的为电信大楼采样点的剑江河水，含量为1.10 mg/L，含量最低的是帝景豪园采样点的剑江河水，两者相差1.03 mg/L；夏季磷酸盐含量最高的是南沙洲采样点的剑江河水，为0.43 mg/L，含量最低的是帝景豪园采样点的剑江河水(如图5所示)。春季中铁含量最高的是灵智广场采样点的剑江河水，高达0.52 mg/L，含量最低的是水榭花都采样点的剑江河水，为0；夏季铁含量最高的是彩虹桥采样点的剑江河水，为0.31 mg/L，含量最低的为云宫花城采样点的剑江河水，两者相差0.30 mg/L(如图6所示)。马塞桥、帝景豪园和彩虹桥采样点的剑江河水夏季总碱度的含量都大于春季，马塞桥采样点的剑江河水春季总碱度含量最高，为204 mg/L，剩下的5个采样点的剑江河水是夏季的总碱度含量大于春季，含量最高的是南沙洲采样点的剑江河水，为231.33 mg/L(如图7所示)。春季硫化物含量最高的是灵智广场采样点的剑江河水，为0.030 mg/L，帝景豪园、电信大楼和云宫花城采样点的剑江河水中的硫化物都为0；夏季硫化物含量最高的是彩虹桥采样点的剑江河水，为0.020 mg/L，马塞桥、帝景豪园、水榭花都、南沙洲和云宫花城采样点的剑江河水中的硫化物含量都为0(如图8所示)。总硬度春季大于夏季的有马塞桥、彩虹桥和云宫花城采样点的剑江河水，春季总硬度最高的是云宫花城采样点的剑江河水，为278.50 mg/L，剩下的5个采样点的剑江河水均为夏季总硬度大于春季，夏季硬度最高的是电信大楼采样点的剑江河水，为363.33 mg/L(如图9所示)。春季铜的含量最高的是帝景豪园采样点的剑江河水，为0.18 mg/L，灵智广场、南沙洲和云宫花城采样点的剑江河水春季的含量最低，均为 0.02 mg/L；夏季铜的含量最高的是电信大楼采样点的剑江河水，为 0.17 mg/L，含量最低的是马塞桥采样点的剑江河水，为 0(如图 10 所示)。余氯含量春季为零的地点是南沙洲、云宫花城、灵智广场和电信大楼采样点的剑江河水，春季余氯含量最高的是彩虹桥采样点的剑江河水，为 0.09 mg/L；夏季余氯含量最高的是电信大楼采样点的剑江河水，为 0.17 mg/L，含量最低的是南沙洲和云宫花城采样点的剑江河水，均为 0(如图 11 所示)。

物种的多样性是表征群落结构特征的重要指标，包括物种的种数及均匀度两个方面。[10]春季枝角类种类数最多的是电信大楼采样点，有 9 种，而最少的是水榭花都采样点，为 0；夏季枝角类种类最多的也是电信大楼采样点，有 5 种，由于夏季降雨量过大导致南沙洲的采样点被淹没了，没采到物种，所以夏季南沙洲采样点的枝角类物种种类数为 0。春、夏季多样性最高的都是电信大楼采样点，分别为 3.042 和 0.970；春季多样性最低的是水榭花都采样点，为 0；夏季多样性最低的是马塞桥和水榭花都采样点，都为 0。春季均匀度最高的是彩虹桥采样点，为 1.444，最低的是水榭花都采样点；夏季均匀度最高的是灵智广场采样点，为 1.599，最低的是马塞桥、水榭花都和南沙洲采样点，为 0。均匀度的变化和多样性的变化都是一致的。从表 3 中可以看出多样性和均匀度没有变化规律，每一个采样点都有时高时低的情况。根据范凯等的研究结果：当 $H<1$ 时，表示水体污染严重；当 $H=1\sim2$ 时，表示轻中度污染；当 $H>3$ 时，表示水体轻度污染。[11]从表 3 中也可以看出，春季灵智广场采样点的水体为中度污染，水榭花都采样点的水体为重度污染，剩下的 6 个地点均为轻中度污染。夏季马塞桥、电信大楼、水榭花都、南沙洲和云宫花城这 5 个采样点的水体为严重污染；灵智广场、帝景豪园和彩虹桥这 3 个采样点的水体为中度污染。在这 5 次采样中我们不仅采到了枝角类，还采到其他浮游动物，如桡足类的剑水溞和哲水溞，轮虫、线虫和棒鞘虫等，除此之外还有一些水生动物，如鱼、虾、蚂蟥和蜻蜓幼虫等。在正常水体中(清洁型水体)浮游动物一般显示种类多、数量少的特点，在重度污染(包括有机和重金属污染)的水体中，几乎所有水生生物(除少数种类的细菌)都难以生存[9]，因此说明剑江河的大部分区域水体污染程度较低。但靠近居民居住的采样点或正在开发的采样点污染比较严重，这会影响枝角类物种的分布。另外，枝角类物种变化也与季节的变化有关，如蚤状溞一般只在春夏之交出现。

影响枝角类群落数量和分布的因素还有温度和食物：枝角类的最适生长温度一般为 18～25 ℃，随着温度的升高，枝角类的性成熟时间会提前，缩短产卵周期；随着食物浓度的下降，其生殖量也会下降。

此外，食物浓度下降，也会导致生殖方式的改变。夏季时，枝角类繁殖总量达到高峰，食物相对减少，会产生雄体，进行两性生殖。

参考文献

[1] http://wenda.so.com/q/1473454723723124

[2] 蒋燮治，堵南山．中国动物志·淡水枝角类［M］．北京：科学出版社，1979．

[3] 陈伟民，秦伯强．太湖梅梁湾冬末春初浮游动物时空变化及其环境意义［J］．湖泊科学，1998(4)：10-16．

[4] 窦素珍，喻亲仁，李东元，等．山东省东平湖浮游动物与富营养化防治［J］．重庆环境科学，2002(2)：58-68．

[5] 陈菊芳，江天九，杞桑，等．广东肇庆星湖浮游甲壳类的生态调查［J］．动物学杂志，2001(6)：29-33．

[6] 林青，由文辉．滴水湖后生浮游动物群落结构研究及水质评价［J］．长江流域资源与环境，2013，22(S1)：23-29．

[7] 陈椽，龙胜兴，任启飞，等．亚热带喀斯特水库桡足类和枝角类动物群落季节变化：以贵州红枫湖、百花湖、阿哈水库为例［J］．中国岩溶，2010，29(1)：55-61．

[8] 王静，唐亚，孙辉，等．嘉陵江中游江段枝角类的区系分布及其环境意义［J］．江西水产科技，2004(1)：13-18．

[9] 王博，廖剑宇，刘全儒，等．东江干流浮游动物群落结构特征及与水质的关系［J］．北京师范大学学报(自然科学版)，2013，49(6)：608-612．

[10] 高倩，徐兆礼，庄平．长江口北港和北支浮游动物群落比较［J］．应用生态学报，2008(9)：2 049-2 055．

[11] 范凯，李清雪．渤海湾浮游动物群落结构及水质生物学评价［J］．安徽农业科学，2007(6)：1 697-1 699．

低 pH 对两种枝角类生长生殖的影响

前　言

枝角类隶属于节肢动物门甲壳纲鳃足亚纲双甲目枝角亚目，通称水溞，俗称红虫或鱼虫，是浮游动物的重要组成部分。[1-2]枝角类对水域生态系统结构、功能及生物生产力起着重要作用。[3]同时，枝角类在自然水域中个体小、数量大、繁殖快、易于培养、营养价值高，是水产经济动物苗期的重要天然饵料。[4]枝角类能够通过孤雌生殖获得较纯的品系，通常被用作实验动物。

枝角类的绝大多数种类栖息于淡水水域中。枝角类的分布受到很多种因素影响，pH 就是其中之一。pH 与枝角类的代谢、生殖和发育有着密切的关系[5]，如圆形盘肠溞发育的最适 pH 为 5 和 9，大型溞在碱性水体(pH 为 8.7～9.9)中更为适应，方形网纹溞在 pH 为 6～10 时均可生长，而透明薄皮溞、短尾秀体溞和长刺溞等则喜生于各类酸性水体中。[6-8]随着现代工业的不断发展，大气酸沉降也日益增多，对水生态系统造成诸多危害，这不得不引起人类的关注。国外有报道，酸压迫降低溞的存活和繁殖量，国内对低 pH 对大型溞存活、生长和生殖的影响也有研究。[9]本实验拟选取从池塘水采集到的老年低额溞和西伯利亚低额溞两种枝角类为实验动物，对枝角类在低 pH (pH 为 4,5,6,7)下的水中的生长、生殖进行研究。通过研究筛选出低 pH 下最适合这两种枝角类生长生殖用水的 pH，为实验室枝角类培养用水的 pH 提供科学依据。同时，找到有利于枝角类生长生殖以及适合水生生物生活状况的水的最佳 pH，使淡水枝角类大量繁殖，以促进水产养殖业的发展，还可以预示酸雨对水生动物的影响。

1　实验材料

1.1　采集工具

浮游生物网、广口瓶、收集瓶、温度计等。

1.2 实验仪器

烧杯、培养皿、离心管(10 mL)、吸管、载玻片、荧光显微镜、酸度计等。

1.3 实验试剂

氢氧化钠(NaOH)和盐酸(HCl),用于调节培养用水的酸碱度。

1.4 实验用水

本实验所用的水为蒸馏水和采集于黔南民族师范学院校园人工湖的过滤水。蒸馏水用于酸度计的清洗,而过滤水用于培养枝角类。池塘水采回来后,先用双层的浮游生物网过滤两次再使用。

1.5 样品采集

实验样品为分别采集于黔南民族师范学院校园人工湖旁边的小池塘中的老年低额溞和都匀市甘塘镇黔南民族职业技术学院校园里的一个池塘中的西伯利亚低额溞。

1.6 采集样品处理

将采集到的水溞放置于培养皿内,挑选怀卵量多的母体放在离心管内,用过滤过的池塘水培养,选取第二天产下的幼体用于实验。

2 实验方法

本实验在同一温度、光照等条件下,将对两种不同的枝角类在pH不同的水中进行研究,观察、记录其生长生殖情况。本实验主要采用控制变量法和平行试验法两种方法。

2.1 控制变量法

控制枝角类生长环境中的其他因素,如原始溞类数量、培养时间、温度、水量、食物量、换水频率等不变,只改变水的pH,从而探究不同pH的水对枝角类生长的影响。

2.2 平行试验法

在实验中,把在不同pH的水中的两种淡水枝角类各设置一个实验组和一个对照组,实验组给予喂食,而对照组不喂食,每一组设置10个平行试验,由此可以使数据更加具有普遍性及说服力。

3 实验步骤

3.1 实验准备

调配好 4 种不同 pH (4,5,6,7)的池塘水，挑选同龄的、活泼的 80 只 12 h 龄的老年低额溞和西伯利亚低额溞，同时准备好用作食物的小球藻。

3.2 实验过程

(1) 每种水溞需用 80 个 10 mL 的离心管，一种水溞需要装好不同 pH 水的离心管各 20 管，水的用量在离心管的 2/3 左右。

(2) 将不同 pH 的水设好实验组(喂食)和对照组(不喂食)各 10 管，每管放一只水溞，用吸管吸取水溞样品置于准备好的载玻片上，然后把带有标本的载玻片放置于光学显微镜下用目镜测微尺测量每只水溞的原始体长，将离心管置于阴凉通风处。

(3) 每天在同一时间段测量水溞的体长，计算怀卵量、寿命(天数)，观察蜕壳(龄期)情况，并做好记录。每隔 1 d 换一次水，每次换的水都是当天现配，实验组每天喂相同体积的小球藻。

(4) 培养的水溞死亡后可停止记录，如存活时间太短，则需要补充材料重新培养。当培养到最后一只水溞死亡后，停止数据的记录。

(5) 记录表见表 1(以 pH 为 4 为例)。

表 1 实验记录表

<table>
<tr><td></td><td colspan="3">天数
序号</td><td>1</td><td>2</td><td>3</td><td>……</td><td colspan="3">天数
序号</td><td>1</td><td>2</td><td>3</td><td>……</td></tr>
<tr><td rowspan="10">pH=4</td><td rowspan="10">老年低额溞</td><td rowspan="5">不喂食</td><td>1</td><td></td><td></td><td></td><td></td><td rowspan="10">西伯利亚低额溞</td><td rowspan="5">不喂食</td><td>1</td><td></td><td></td><td></td><td></td></tr>
<tr><td>2</td><td></td><td></td><td></td><td></td><td>2</td><td></td><td></td><td></td><td></td></tr>
<tr><td>3</td><td></td><td></td><td></td><td></td><td>3</td><td></td><td></td><td></td><td></td></tr>
<tr><td>…</td><td></td><td></td><td></td><td></td><td>…</td><td></td><td></td><td></td><td></td></tr>
<tr><td>10</td><td></td><td></td><td></td><td></td><td>10</td><td></td><td></td><td></td><td></td></tr>
<tr><td rowspan="5">喂食</td><td>1</td><td></td><td></td><td></td><td></td><td rowspan="5">喂食</td><td>1</td><td></td><td></td><td></td><td></td></tr>
<tr><td>2</td><td></td><td></td><td></td><td></td><td>2</td><td></td><td></td><td></td><td></td></tr>
<tr><td>3</td><td></td><td></td><td></td><td></td><td>3</td><td></td><td></td><td></td><td></td></tr>
<tr><td>…</td><td></td><td></td><td></td><td></td><td>…</td><td></td><td></td><td></td><td></td></tr>
<tr><td>10</td><td></td><td></td><td></td><td></td><td>10</td><td></td><td></td><td></td><td></td></tr>
</table>

4　结　果

4.1　老年低额溞

4.1.1　不喂食条件下老年低额溞在不同 pH 水中的生长情况

在不喂食条件下，老年低额溞在不同 pH 水中的体长和龄期关系如图 1 所示：在 4 种 pH 的水中，pH 为 4 时，老年低额溞最多活到第 2 龄期就全部死亡；在 pH 为 5，6，7 的水中都活到 5 龄期；在第 5 龄期时，pH 为 5 的水中的老年低额溞体长最长为 1.19 mm，pH 为 7 的水中的老年低额溞体长为 1.03 mm，pH 为 6 的水中的老年低额溞体长为 1.00 mm。

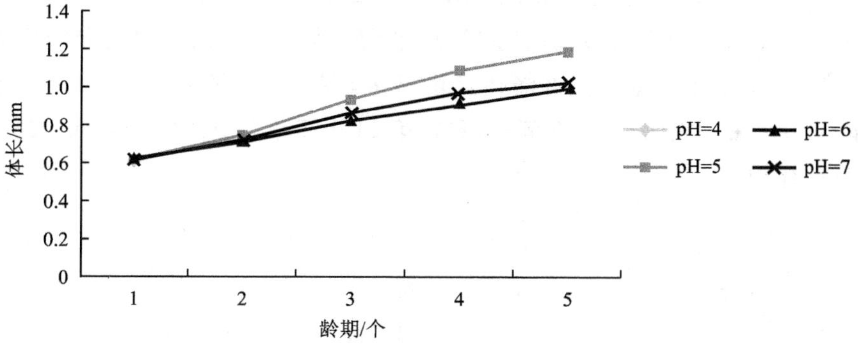

图 1　体长和龄期的关系

在不喂食条件下，老年低额溞在不同 pH 水中的体长和寿命关系如图 2 所示：在 pH 为 5，6，7 的水中，老年低额溞的寿命都是 11 天，但体长都不相同，在第 11 天，pH 为 5 的水中的老年低额溞体长为 1.23 mm，pH 为 6 的体长为 1.01 mm，pH 为 7 的体长为 1.05 mm，而 pH 为 4 的寿命为 3 天，最大体长为 0.75 mm。

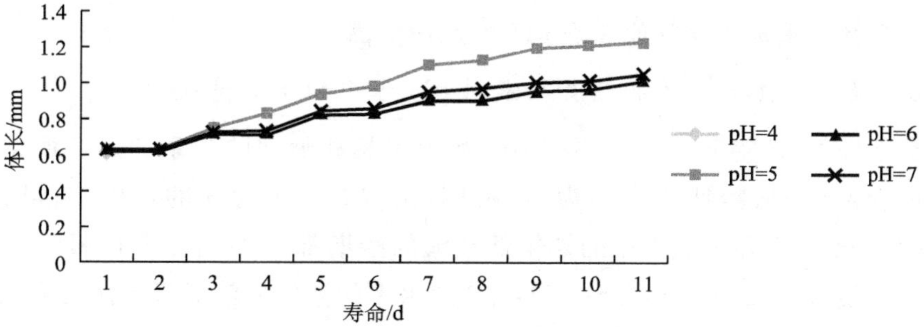

图 2　体长和寿命的关系

在不喂食条件下，老年低额溞在不同 pH 水中的怀卵量和龄期的关系如图 3 所示：在不同 pH 的水中，pH 为 4 的水中的老年低额溞最多活到第 2 龄期，且没有怀卵；pH 为 5，6，7 的水中的老年低额溞虽然都活到 5 龄期，但 pH 为 6 的水中的老年低额溞没有怀卵，

pH 为 5 的水中的老年低额溞第 4 龄期怀 1 个卵，第 5 龄期平均每只怀 1.5 个，pH 为 7 的水中的老年低额溞第 5 龄期怀 1 个卵。

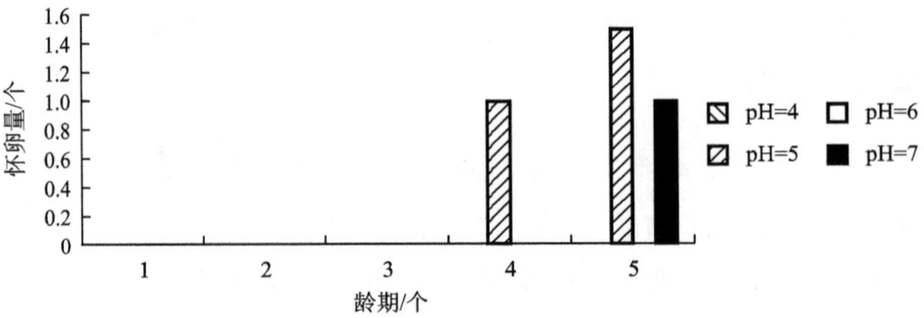

图 3　怀卵量和龄期的关系

在不喂食条件下，老年低额溞在不同 pH 水中的怀卵量和寿命关系如图 4 所示：在 4 种 pH 水中的老年低额溞寿命最长的为 11 d，即 pH 为 5，6，7 的水中的老年低额溞寿命为 11 d；pH 为 5 的水中的老年低额溞怀卵量最多，在第 8 d 怀卵 2 个，第 9 d 平均怀卵 1.3 个；而 pH 为 7 的水中的老年低额溞，只在第 11 d 怀卵 1 个；pH 为 4 和 6 的水中的老年低额溞没有怀卵。

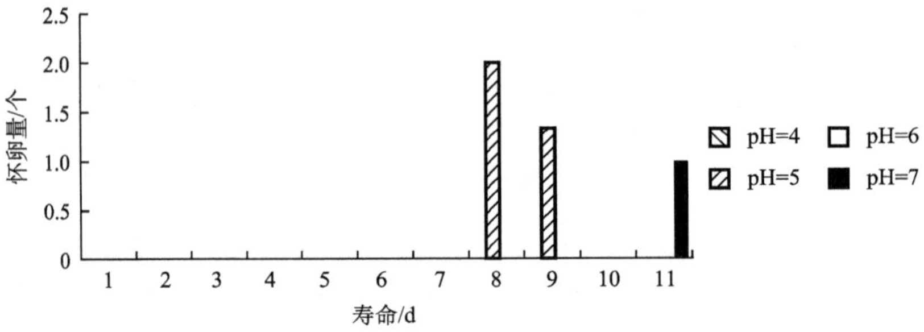

图 4　怀卵量和寿命的关系

从图 1，2，3，4 中可以看出，不喂食情况下，老年低额溞在 pH 为 5 的水中生长最好，无论体长还是怀卵量都比在其他 3 种 pH 的水中要高。

4.1.2　喂食条件下老年低额溞在不同 pH 水中的生长情况

在喂食条件下，老年低额溞在不同 pH 水中体长和龄期的关系如图 5 所示：在 4 种 pH 的水中老年低额溞龄期最大的为 14 龄期，出现在 pH 为 6 的水中，其最大体长为 1.73 mm；而 pH 为 5 和 7 的水中的老年低额溞的龄期都为 12 个，其中 pH 为 5 的水中的老年低额溞最大体长为 1.63 mm，pH 为 7 的水中的老年低额溞最大体长为 1.64 mm；pH 为 4 的水中的老年低额溞能活到 2 龄期，最大体长为 0.75 mm。龄期相同的情况下，老年低额溞的最大体长出现在 pH 为 7 的水中。

在喂食条件下，老年低额溞在不同 pH 水中的体长和寿命关系如图 6 所示：在不同 pH 的水中，pH 为 4 的水中的老年低额溞寿命最短，仅为 3 d，最大体长为 0.78 mm；寿命最长的老年低额溞出现在 pH 为 6 和 7 的水中，为 32 d，体长最长的老年低额溞为 1.73 mm 且出现在 pH 为 6 的水中，pH 为 7 的水中的老年低额溞最大体长为 1.65 mm；在 pH 为 5 的水中的老年低额溞，寿命为 28 d，其最大体长是 1.58 mm。寿命相同的条件下，pH 为 5 和 7 的水中的老年低额溞的体长相差不多。

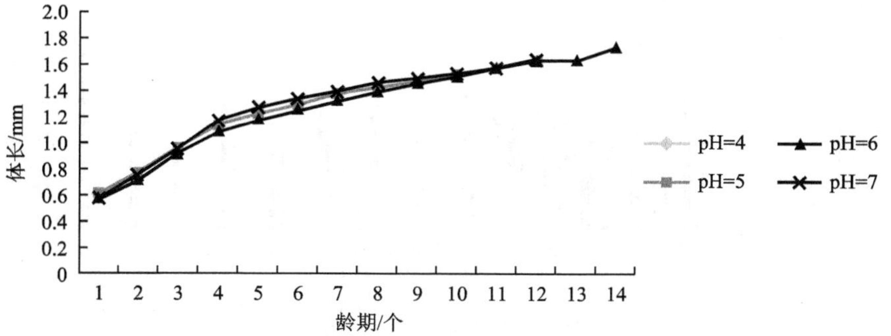

图 5　体长和龄期的关系

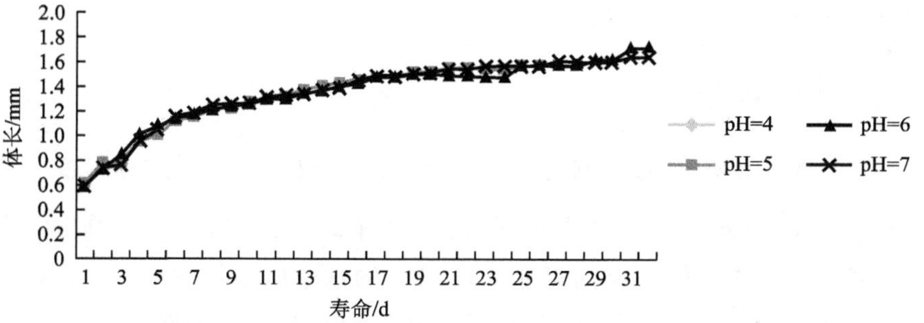

图 6　体长和寿命的关系

在喂食条件下，老年低额溞在不同 pH 水中的怀卵量和龄期关系如图 7 所示：在 4 种不同 pH 的水中，pH 为 4 的水中的老年低额溞没有怀卵；pH 为 5 和 7 的水中的老年低额溞，第 5 龄期就开始怀卵；pH 为 6 的水中的老年低额溞，到第 6 龄期才开始怀卵，直到第 14 龄期依然怀卵，pH 为 6 的水中的老年低额溞，在第 14 龄期怀卵量最多，平均为 4 个。

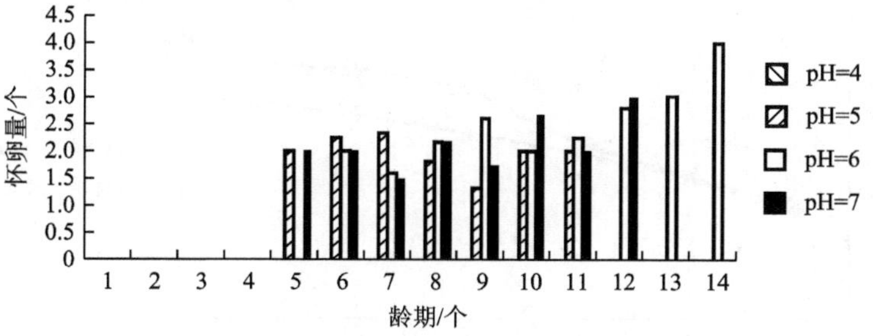

图 7　怀卵量和龄期的关系

在喂食条件下，老年低额溞在不同 pH 水中的怀卵量和寿命关系如图 8 所示：pH 为

4 的水中的老年低额溞没有怀卵；在 pH 为 5 的水中的老年低额溞最先怀卵，且在第 7 d 开始怀卵，pH 为 6 和 7 的水中的老年低额溞都是在第 8 d 才开始怀卵。pH 为 7 的水中的老年低额溞在第 9 d 怀卵量最多，为 5 个卵。

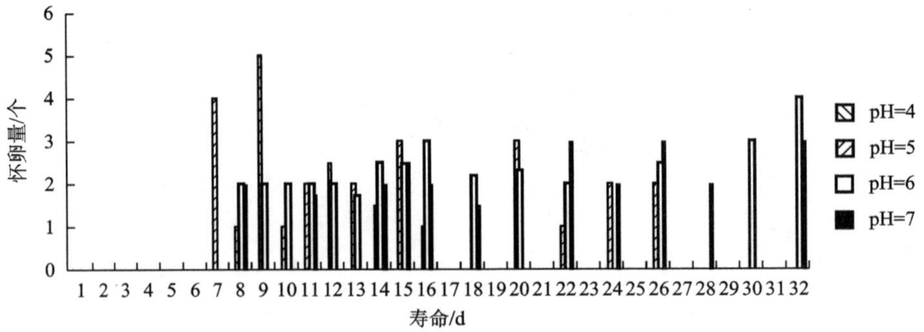

图 8　怀卵量和寿命的关系

综合图 5 到图 8 可以得出，在喂食情况下，在 4 种不同 pH 的水中，pH 为 6 的水中的老年低额溞的生长生殖状况最好。

4.2　西伯利亚低额溞

4.2.1　不喂食条件下西伯利亚低额溞在不同 pH 水中的生长情况

不喂食条件下，西伯利亚低额溞在不同 pH 水中的体长和龄期关系如图 9 所示：在这 4 种 pH 的水中生长的西伯利亚低额溞，pH 为 4 的水中的龄期最短，只有 1 个龄期；pH 为 5，6，7 的水中的西伯利亚低额溞都达到 6 龄期；只有在第 2 龄期 pH 为 6 的水中的西伯利亚低额溞的体长大于 pH 为 5 和 7 的水中的西伯利亚低额溞的体长，其 pH 为 5，6，7 的水中的西伯利亚低额溞的体长分别为 0.695 mm，0.710 mm 和 0.705 mm；而在其他龄期 pH 为 6 的水中的西伯利亚低额溞的体长都小于 pH 为 5 和 7 的水中的西伯利亚低额溞的体长；在第 6 龄期 pH 为 5 的水中的西伯利亚低额溞体长最大为 1.30 mm，pH 为 6 的水中的西伯利亚低额溞的体长为 1.075，pH 为 7 的水中的西伯利亚低额溞的体长为 1.275 mm。

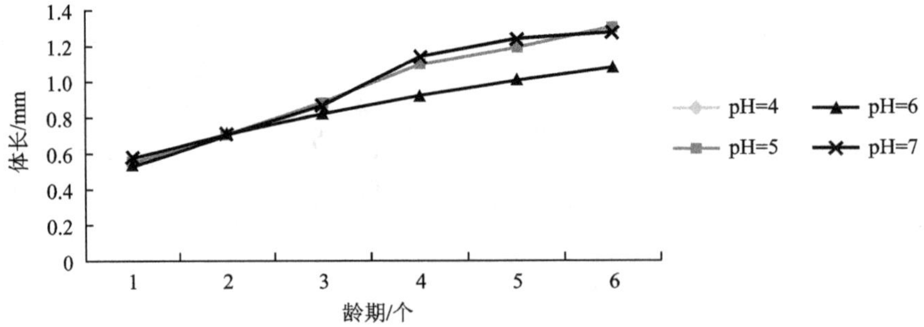

图 9　体长和龄期的关系

不喂食条件下，西伯利亚低额溞在不同 pH 水中的体长和寿命关系如图 10 所示：西伯利亚低额溞在 4 种 pH 的水中的寿命最长的为 6 d，pH 为 5，6，7 的水中的西伯利亚低额溞的寿命都为 6 d，在 pH 为 4 的水中的西伯利亚低额溞的寿命仅为 1 d；pH 为 5 的水中的西伯利亚低额溞在第 6 d 的体长最长为 1.29 mm，pH 为 6 的水中的西伯利亚低额溞的体长为 1.03 mm，pH 为 7 水中的西伯利亚低额溞的体长为 1.26 mm。

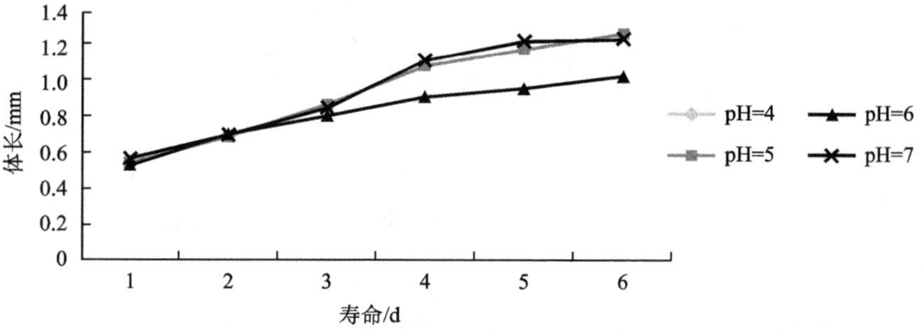

图 10　体长和寿命的关系

不喂食条件下，西伯利亚低额溞在不同 pH 水中的怀卵量和龄期关系如图 11 所示：pH 为 4 的水中的西伯利亚低额溞只有 1 个龄期且没有怀卵；虽然 pH 为 5，6，7 的水中的西伯利亚低额溞都有 6 个龄期，但 pH 为 6 的水中的西伯利亚低额溞没有怀卵；怀卵量最多的是在 pH 为 5 水中的西伯利亚低额溞，在第 5 龄期和第 6 龄期平均都怀卵 2 个；而 pH 为 7 的水中的西伯利亚低额溞在第 5 龄期平均怀卵 1.5 个。

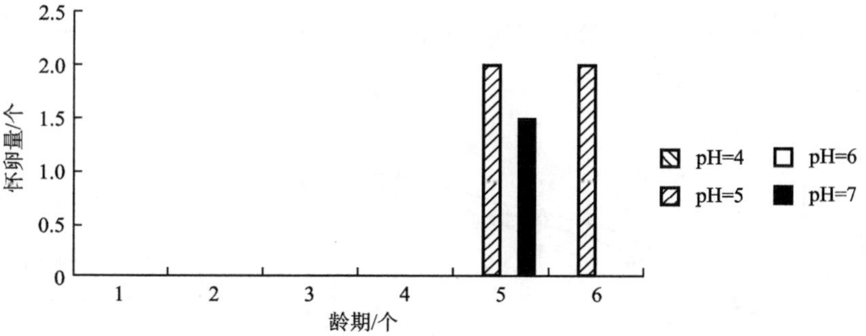

图 11　怀卵量和龄期的关系

不喂食条件下，西伯利亚低额溞在不同 pH 水中的怀卵量和寿命关系如图 12 所示：在 4 种不同 pH 的水中，西伯利亚低额溞寿命最长的为 6 d，其中 pH 为 4 和 6 水中的西伯利亚低额溞没有怀卵；pH 为 5 的水中的西伯利亚低额溞怀卵量最多，且在第 5 d 平均怀卵 2 个；pH 为 7 的水中的西伯利亚低额溞在第 5 d 平均怀卵 1.5 个。

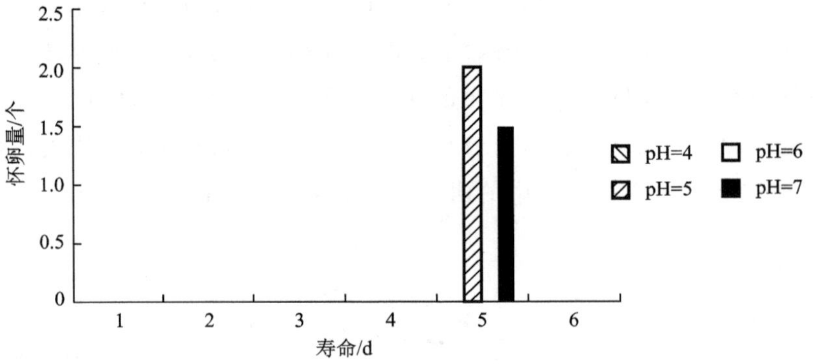

图 12　怀卵量和寿命的关系

综合图 9 至图 12 可以看出，不喂食条件下，西伯利亚低额溞在 pH 为 5 的水中生长生殖状况最好。

4.2.2　喂食条件下西伯利亚低额溞在不同 pH 水中的生长情况

喂食条件下，西伯利亚低额溞在不同 pH 水中的体长与龄期关系如图 13 所示。在 4 种 pH 的水中生活的西伯利亚低额溞，龄期最大的是 pH 为 5 的水中的西伯利亚低额溞，其最大龄期为 12 龄期；龄期最小的是 pH 为 4 的水中的西伯利亚低额溞，只有 1 个龄期；pH 为 6 的水中的西伯利亚低额溞的龄期为 11，pH 为 7 的水中的西伯利亚低额溞有 10 龄期。体长最长的是 pH 为 5 的水中的西伯利亚低额溞，在第 12 龄期体长达到 1.85 mm；pH 为 6 的水中的西伯利亚低额溞在最后一个龄期体长为 1.74 mm；pH 为 7 的水中的西伯利亚低额溞在第 10 龄期体长达到 1.70 mm。不同 pH 的水中的西伯利亚低额溞在第 1 龄期体长都差不多，但从第 2 龄期到第 10 龄期 pH 为 6 的水中的西伯利亚低额溞体长都比 pH 为 5 和 7 水中的大。

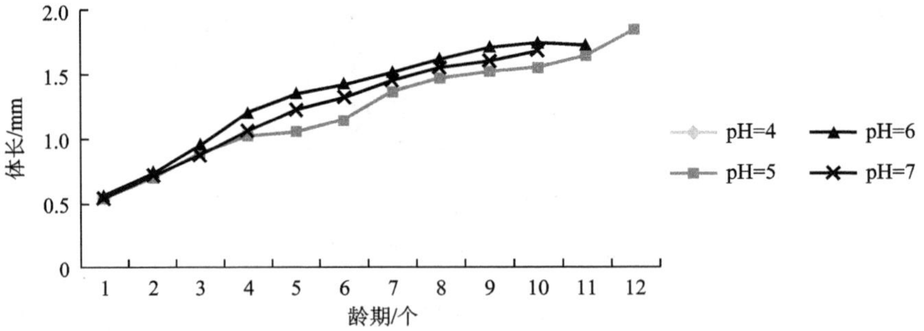

图 13　体长和龄期的关系

喂食条件下，西伯利亚低额溞在不同 pH 水中的体长和寿命关系如图 14 所示。pH 为 4 的水中的西伯利亚低额溞，第 1 d 开始培养，第 2 d 就死亡；pH 为 5 的水中的西伯利亚低额溞寿命最长，存活 19 d；pH 为 6 的水中的西伯利亚低额溞，存活 17 d；pH 为 7 的水中的西伯利亚低额溞，存活 15 d；体长最长的是 pH 为 6 的水中的西伯利亚低额溞，在第 17 d 体长达到 1.76 mm；pH 为 5 的水中的西伯利亚低额溞在第 19 d 体长达到 1.67 mm；pH 为 7 的水中的西伯利亚低额溞在第 15 d 体长达到 1.65 mm。在同一天 pH 为 6 的水中的西伯利亚低额溞体长均比 pH 为 5 和 7 水中的长。

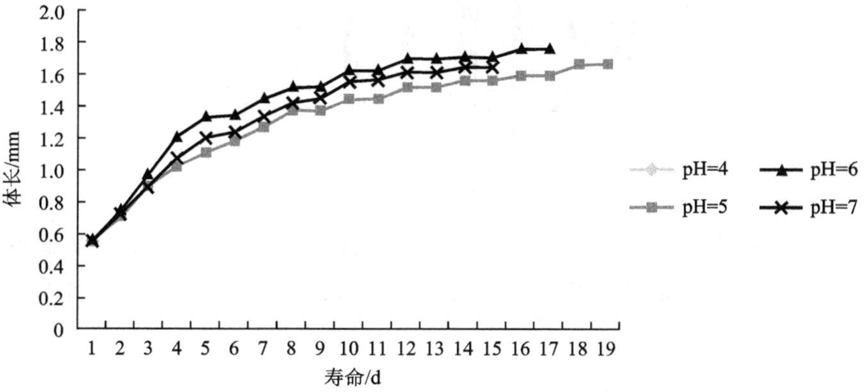

图 14　体长和寿命的关系

喂食条件下，西伯利亚低额溞在不同 pH 的水中的怀卵量和龄期关系如图 15 所示。pH 为 4 的水中的西伯利亚低额溞没有怀卵。pH 为 5，6，7 的水中喂养的西伯利亚低额溞都怀卵了，而且都是从第 5 龄期开始怀卵。pH 为 6 的水中的西伯利亚低额溞在第 8 龄期怀卵量最多，平均怀卵 7.67 个；pH 为 5 的水中的西伯利亚低额溞也在第 8 龄期怀卵量最多，平均怀卵 6.67 个；pH 为 7 的水中的西伯利亚低额溞在第 7 龄期怀卵量最多，平均怀卵 6.43 个。它们怀卵的数量都是先少后多再少。

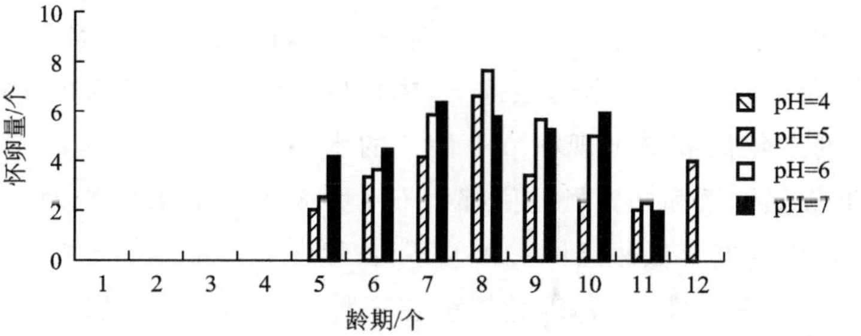

图 15　怀卵量和龄期的关系

喂食条件下，西伯利亚低额溞在不同 pH 水中的怀卵量和寿命关系如图 16 所示。pH 为 4 的水中的西伯利亚低额溞没有怀卵。pH 为 6 和 7 的水中的西伯利亚低额溞在第 5 d 就开始怀卵，第一次平均分别怀卵 2.63，4.75 个。pH 为 5 的水中的西伯利亚低额溞第 6 d 才开始怀卵，平均怀卵 2.33 个。pH 为 6 的水中的西伯利亚低额溞在第 11 d 怀卵量最多，平均怀卵 7.67 个。pH 为 5 和 7 的水中的西伯利亚低额溞怀卵量最多的一天也出现在第 11 d，分别平均怀卵 6.67 和 6.40 个。

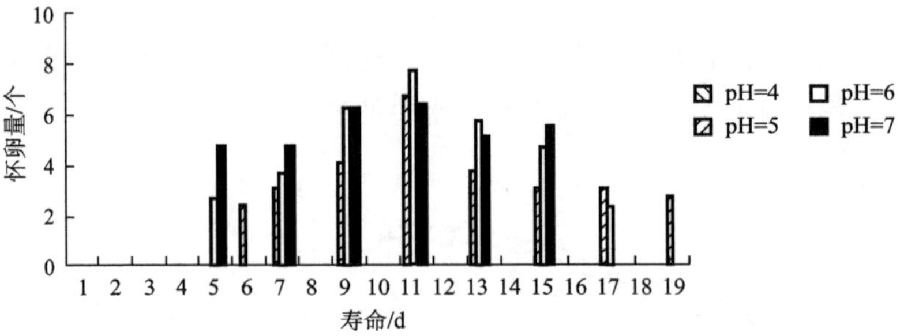

图 16 怀卵量和寿命的关系

综合图 13 至图 16 可以得出，喂食条件下，相同龄期和寿命下西伯利亚低额溞在 pH 为 6 的水中体长最大，怀卵量最多，而寿命和龄期最大的西伯利亚低额溞出现在 pH 为 5 的水中。

5 讨 论

关于低 pH 对枝角类的影响，有人研究过隆线溞、大型溞等。[9-10] 本实验的研究对象是老年低额溞和西伯利亚低额溞。

通过研究发现，在 4 种不同 pH 的水中，最不适合两种低额溞生长生殖的是 pH 为 4 的水，在 pH 为 4 的水中，水溞龄期最大为 2 个，寿命最长为 3 d，而且都没有怀卵。推测其原因，可能是水的酸性太强了，水溞受不了强酸的水环境。这里主要讨论两种水溞在 pH 为 5，6，7 的水中的生长生殖情况。

从图 1～图 8 可见，在相同龄期且不喂食条件下，体长最长、怀卵量最多的老年低额溞都出现在 pH 为 5 的水中；在喂食条件下，体长最长的老年低额溞出现在 pH 为 7 的水中，怀卵量最多的老年低额溞出现在 pH 为 6 的水中。当寿命一样，不喂食时，pH 为 5 的水中的老年低额溞体长和怀卵量的值都比 pH 为 6 和 7 的水中的大。在喂食条件下，pH 为 5 和 7 的水中的老年低额溞体长相差不大，但怀卵量最多的是在 pH 为 5 的水中的老年低额溞。在不喂食条件下，老年低额溞在 3 种 pH 的水中，其龄期和寿命都相差不大；在喂食条件下，老年低额溞在 pH 为 6 的水中龄期最大且为 14 个龄期，在 pH 为 6 和 7 的水中，寿命最长且为 32 d。所以，对老年低额溞而言，当食物缺乏时，可以筛选 pH 为 5 的水作为实验用水；当食物充足时，选择 pH 为 6 的水作为实验用水，因为最大体长、最多龄期和怀卵量以及最长寿命都出现在 pH 为 6 的水中。

从图 9～图 16 可见，西伯利亚低额溞在相同龄期时，在不喂食条件下，最大体长、最多怀卵量的西伯利亚低额溞都出现在 pH 为 5 的水中；在喂食条件下，最大体长和最多怀卵量的西伯利亚低额溞都出现在 pH 为 6 的水中。当西伯利亚低额溞寿命相同时，在不喂食条件下，最大体长和最多怀卵量出现在 pH 为 5 的水中；在喂食条件下，最大体长和最多怀卵量出现在 pH 为 6 的水中。在不喂食条件下，西伯利亚低额溞在 pH 为 5，6，7

的水中的龄期都是6个，寿命都是6 d；在喂食条件下，西伯利亚低额溞的最长龄期和寿命都出现在pH为5的水中，分别为12个龄期和19 d。所以，在食物缺乏时，可以选择pH为5的水作为实验用水；在食物充足时，pH为6的水中的西伯利亚低额溞生长生殖最好，选择pH为6的水作为实验用水。

食物对枝角类也有一定的影响。关于食物对淡水枝角类的影响有过很多研究，如食物对大型溞的影响[11]、食物对拟同形溞的影响[12]。在这个实验中，老年低额溞在相同的水中，不喂食与喂食有着明显的区别。喂食比不喂食长得快，喂食时最大体长、最长龄期和寿命都比不喂食时所得的值大，喂食时的怀卵量比不喂食的多，这同邓道贵等人所研究的温度和食物对老年低额溞的生长与生殖的影响结论一致。[13]而西伯利亚低额溞喂食时也比不喂食时长得快，喂食时最大体长、最长寿命、最多龄期及怀卵量都比不喂食时所得的值大，说明这两种水溞的生长生殖都受食物的影响。

在实验过程中，通过观察发现，老年低额溞和西伯利亚低额溞体长的增长是不连续的，是在蜕壳后的瞬间发生的，每蜕一次壳体长增长一次，增长一个龄期，在幼龄期生长较快。这与郑重研究的淡水枝角类的生长规律一样。[14]在开始怀卵的几个胎次怀卵量少，中间胎次的怀卵量多，最后的胎次怀卵量又少，这个规律西伯利亚低额溞特别明显。

本次实验是在4～6月份进行的，白天和晚上的温度相差有点大，实验中没有对温度进行控制。这次实验老年低额溞的平均最大体长是1.73 mm，西伯利亚低额溞的平均最大体长是1.85 mm。而关于温度对枝角类的影响其他人有过研究，如邓道贵等人对温度对老年低额溞的影响的研究，在25 ℃、高浓度食物条件下，最大体长为2.82 mm。[13]这说明温度对枝角类也有影响。

参考文献

[1] 蒋燮治，堵南山. 中国动物志·淡水枝角类[M]. 北京：科学出版社，1979.

[2] 孙晓雪. 沙湖浮游动物群落结构及其与水质因子关系的研究[D]. 银川：宁夏大学，2011.

[3] 陆正和，阎斌伦，杨家新. 枝角类生态毒理学研究进展[J]. 水生态学杂志，2010，31(2)：106-110.

[4] 卢亚芳. 枝角类在水产养殖中的应用[J]. 台湾海峡，2001(S1)：69-75.

[5] 郑重. 甲壳动物的生殖量与环境关系Ⅰ. 枝角类[J]. 生态学杂志，1990(5)：38-43.

[6] 李明德. 怎样利用轮虫及枝角类评价污染[J]. 海洋湖沼通报，1986(2)：30-38.

[7] 宋大祥. 大型溞(*Daphnia magna Straus*)的初步培养研究[J]. 动物学报，1962(1)：49-62.

[8] 吉聪聪，杨雪，陈宏健，等. 温度与pH对方形网纹溞生长及生殖的影响[J]. 天津师范大学学报(自然科学版)，2015，35(3)：105-108.

[9] 庄德辉. 低 pH 值对大型溞(*Daphnia magna* Straus)存活、生长和生殖的影响[J]. 中国环境科学,1994(2):107-111.

[10] 周风帆,蒋锋,金洪钧,等. 低 pH、铝和钙离子对隆线溞(*Daphnia carinata* King)生存、生长及繁殖的影响[J]. 南京大学学报(自然科学版),1992(3):411-417.

[11] 邓道贵,孟琼,殷四涛,等. 温度和食物浓度对大型溞 *Daphnia magna* 种群动态和两性生殖的影响[J]. 生态学报,2008(9):4 268-4 276.

[12] 罗晓霞,刘正文. 食物浓度对拟同形溞(*Daphnia similoides*)生长和繁殖的影响[J]. 生态科学,2014,33(2):288-293.

[13] 邓道贵,靳英,柳明,等. 温度和食物浓度对老年低额溞生长与生殖的影响[J]. 水生生物学报,2006(3):298-303.

[14] 郑重. 淡水枝角类的生长[J]. 动物学杂志,1958(4):197-202.

高 pH 对老年低额溞和西伯利亚低额溞生长生殖的影响

前　言

枝角亚目隶属于节肢动物门甲壳动物纲鳃足亚纲双甲目，通称水溞。在 17 世纪以前，由于知识和技术上的限制，对动物类群之一的枝角类只做了一些粗略的观察，17 世纪显微镜的发明，有力地推动了枝角类的研究。[1] 而且，我国在淡水养鱼方面历史比较悠久，渔民早已知道枝角类是鱼类的上好饵料，他们又将枝角类称为鱼虫。

枝角类是淡水水域中常见的甲壳动物，是鱼类幼龄期重要的天然饵料，因其营养价值高、数量大、生活周期短、易繁殖，故是鱼虾类苗种培育中活饵料培养的理想对象，因此，研究其最适培养条件及生长生殖等生物学特性，在水产养殖上具有重要意义。[2-3] 温度与食物是影响枝角类生长和发育的两个重要因素。有关枝角类生物学的研究，国内外一般多以溞属和裸腹属种类作为研究对象。[4-8] 宋大祥对大型溞[9]、郑重对隆线溞[10]、堵南山等对拟老年低额溞[11]以及黄祥飞对近亲裸腹溞[12]等都进行过研究。老年低额溞和西伯利亚老年低额溞是一类个体比较大、怀卵量高、适应性广的习见淡水枝角类。[1,13] 但关于老年低额溞和西伯利亚低额溞的研究较少，目前仅见关于食物、盐度及拥挤等对其生长和生殖的零星报道。[14] pH 在枝角类的培养过程中起重要作用，而有关这方面的报道较少，所以本文就 pH 对老年低额溞和西伯利亚低额溞的生长生殖进行探究，以期为以后对枝角类的培养及生物学相关研究提供一些数据资料。

1　实验材料

1.1　采集用具

温度计、浮游生物网、广口瓶、收集瓶等。

1.2 实验用具

烧杯、培养皿、离心管(10 mL)、吸管、载玻片、体视显微镜、光学显微镜、酸度计、笔、记录本。

1.3 实验试剂

盐酸(HCl)和氢氧化钠(NaOH)用于调节培养用水的酸碱度。

1.4 实验用水

本实验所用到的水为蒸馏水和采集于黔南民族师范学院校园人工湖里的过滤水。蒸馏水用于酸度计的清洗,而过滤水用于培养枝角类。池塘水采回来后,先用双层的浮游生物网过滤两次再使用。

1.5 样品采集

本实验所用的材料是老年低额溞和西伯利亚低额溞。老年低额溞采自都匀市雨花湖旁边的一条河沟里,西伯利亚低额溞采自都匀市黔南民族职业技术学院校园的湖内。用体视显微镜从采集到的样品中挑选一些生命力强、发育正常、怀卵量多的低额溞进行培养,为了保持生理上的一致性,取其子二代进行正式培养。[15]

2 实验方法

本实验将提供同一温度、同一光照条件下两种不同溞类在不同 pH 水中的最大生活周期、最多龄期数及每一龄期的平均体长数。主要研究两种不同淡水枝角类在不同 pH 水中的生长生殖状况,记录每一阶段两种溞类的生长状况,计算两种溞类的龄期以及它们所存活的寿命。本实验主要采用控制变量法和平行试验法。

2.1 控制变量法

控制枝角类生长环境中的其他因素不变,如原始溞类数量、培养时间、温度、水量、食物量和换水频率等,只改变水的 pH,从而探究不同 pH 的水对枝角类生长的影响。

2.2 平行试验法

为了使数据更加具有普遍性及说服力,在实验中,两种淡水枝角类在不同 pH 水中各设置了一个实验组和一个对照组,实验组给予喂食,而对照组不喂食,每一组设置 10 个平行试验。

3 实验步骤

3.1 实验准备

调配好4种不同pH(8,9,10,11)的池塘过滤水,挑选同龄的、活泼的80只12 h龄的老年低额溞和西伯利亚低额溞,同时准备好用作食物的小球藻。

3.2 实验过程

(1) 首先准备好不同pH的水,每种水溞需要80支10 mL的离心管,一种水溞需要装好不同pH水的离心管各20支,水的用量在离心管的2/3左右。

(2) 用不同pH的水设好实验组(喂食)和对照组(不喂食)各10管,每管单独放一只水溞,用吸管吸取水溞样品置于准备好的载玻片上,然后把带有标本的载玻片放置于光学显微镜下用目镜测微尺测量每只溞的原始体长,将离心管置于阴凉通风处。

(3) 每天在同一时间段测量水溞的体长,计算怀卵量、寿命(天数),并观察蜕壳(龄期)情况,并做好记录,每隔1 d换一次水,每次换的水都要当天现配,实验组每天喂相同体积的小球藻。

(4) 培养的水溞死亡后可停止记录,如存活时间太短,则需要补充材料重新培养。当培养到最后一只水溞死亡后,停止记录数据。

4 实验结果

由观察可得,枝角类在前3个龄期每天都在生长,从第4个龄期开始,隔1 d才蜕壳一次。老年低额溞和西伯利亚低额溞在pH为8的水中长势较好。老年低额溞和西伯利亚低额溞在不同pH的水中生长和生殖有所不同。

4.1 老年低额溞在不同pH的水中生长和生殖情况

不喂食条件下,老年低额溞在不同pH水中的体长与龄期的关系如图1所示:水的不同pH对老年低额溞的影响有所不同,其中龄期最长的是pH为10的水中的老年低额溞,最长为9个龄期,最短为5个龄期;pH为8或9的水中的老年低额溞,最长龄期为7个,最短龄期为5个;体长最长的是pH为8和9的水中的老年低额溞,可达1.33 mm;在pH为10的水中的老年低额溞,体长最长为1.22 mm。

喂食条件下,老年低额溞在不同pH水中的体长与龄期关系如图2所示:老年低额溞在pH为10的水中的龄期最长为14个,体长最长为1.55 mm;pH为8的水中的老年低额溞,最长龄期为10个,体长最长是1.60 mm;pH为9的水中的老年低额溞,最长龄期为 12 个，体长最长为 1.51 mm。

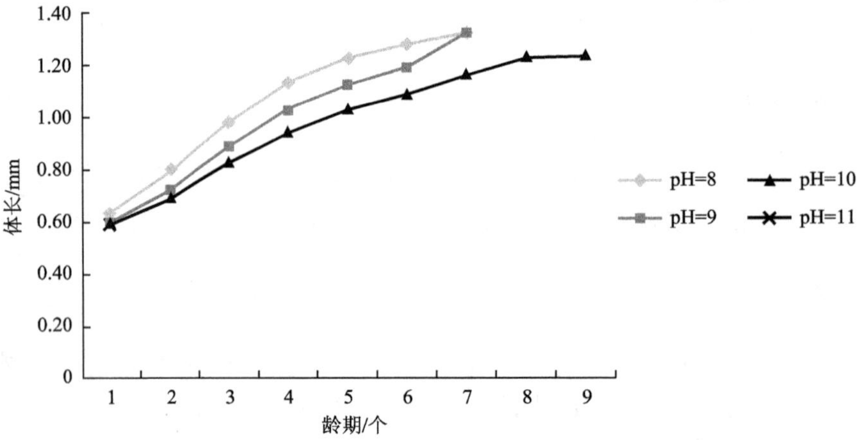

图 1 不同 pH 的水中老年低额溞体长和龄期的关系（不喂食）

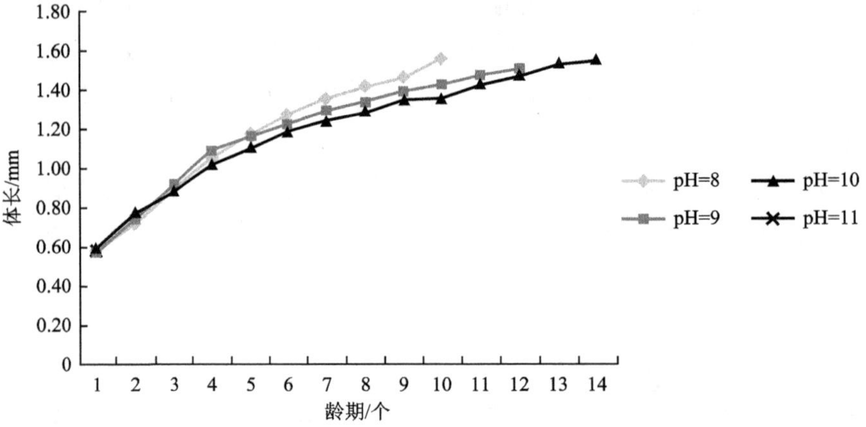

图 2 不同 pH 的水中老年低额溞体长与龄期的关系（喂食）

不喂食条件下，不同 pH 的水对老年低额溞的寿命影响有所不同，如图 3 所示：pH 为 8 和 9 的水中的老年低额溞，寿命是 19 d 左右；pH 为 10 的水中的老年低额溞，最多可以活 18 d；pH 为 11 的水中的老年低额溞不能存活，可见这个 pH 不适合它生存。

喂食条件下，不同 pH 水中的老年低额溞体长与寿命关系如图 4 所示：pH 为 10 的水中的老年低额溞，其寿命最长，可以存活 37 d 左右；然后依次为 pH 为 9 的水中的老年低额溞，存活时间是 31 d；pH 为 8 的水中的老年低额溞，存活时间是 25 d。老年低额溞生存的环境偏碱性，但最适合的是 pH 为 8～10 的水，在 pH 高于 10 的水中是不能生存的。

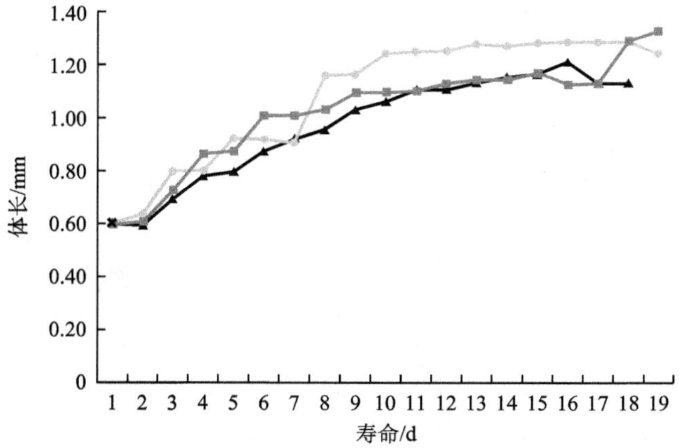

图 3　不同 pH 的水中老年低额溞体长与寿命的关系(不喂食)

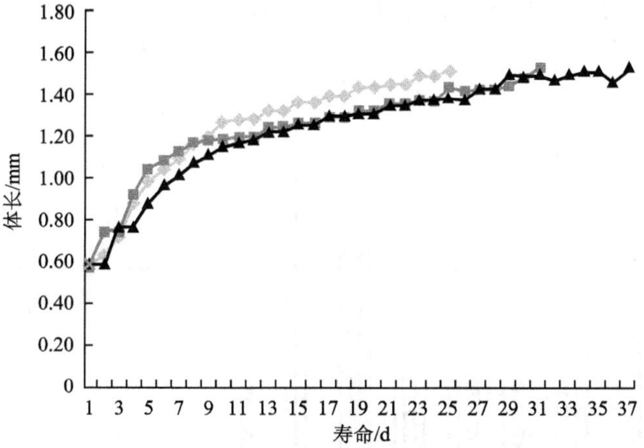

图 4　不同 pH 的水中老年低额溞体长与寿命的关系(喂食)

不喂食条件下,不同 pH 水中的老年低额溞的怀卵量与龄期关系如图 5 所示:老年低额溞在 pH 为 8 的水中,在第 4 龄期开始怀卵,但是数量不多,平均怀卵量为 1.0 个,部分老年低额溞在第 5 龄期开始怀卵,且怀卵量为 1.0 个。pH 为 9 的水中的老年低额溞,在第 4 龄期开始怀卵,怀卵量平均为 4.0 个。pH 为 10 或者 11 的水中的老年低额溞,没有怀卵现象。

喂食条件下,不同 pH 水中的老年低额溞怀卵量与龄期关系如图 6 所示:pH 为 8 的水中的老年低额溞是从第 4 龄期开始怀卵,在第 10 龄期停止怀卵;pH 为 9 的水中的老年低额溞从第 6 龄期开始怀卵,直到第 11 龄期时停止怀卵;pH 为 10 的水中的老年低额溞在第 5 龄期至第 10 龄期间怀卵,且在第 10 龄期时怀卵量最多。

不喂食条件下,不同 pH 水中的老年低额溞怀卵量与寿命关系如图 7 所示:只有在 pH 为 8 和 9 的两种水中有怀卵,pH 为 10 的水中没有怀卵,在 pH 为 11 的水中不能存活;在 pH 为 8 的水中的老年低额溞,在 17 d 左右怀卵;pH 为 9 的水中的老年低额溞,在 15 d 左右就可以怀卵。由此可见,不喂食、不同 pH 水中的老年低额溞寿命短而且很难怀卵，即使怀卵，数量也很少，怀卵时间也比较晚。

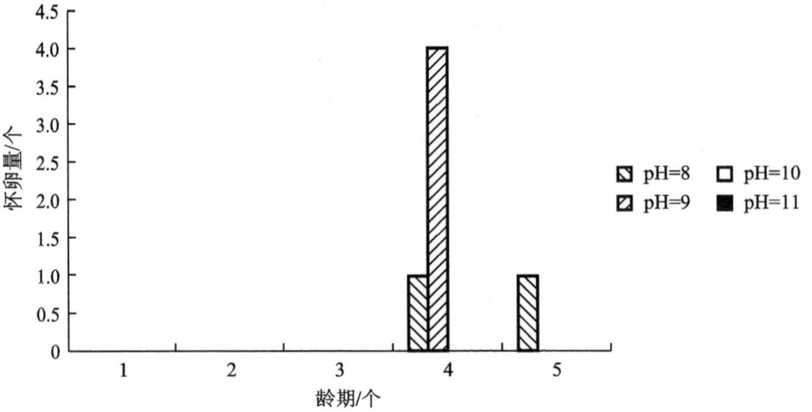

图 5　不同 pH 的水中老年低额溞怀卵量与龄期的关系（不喂食）

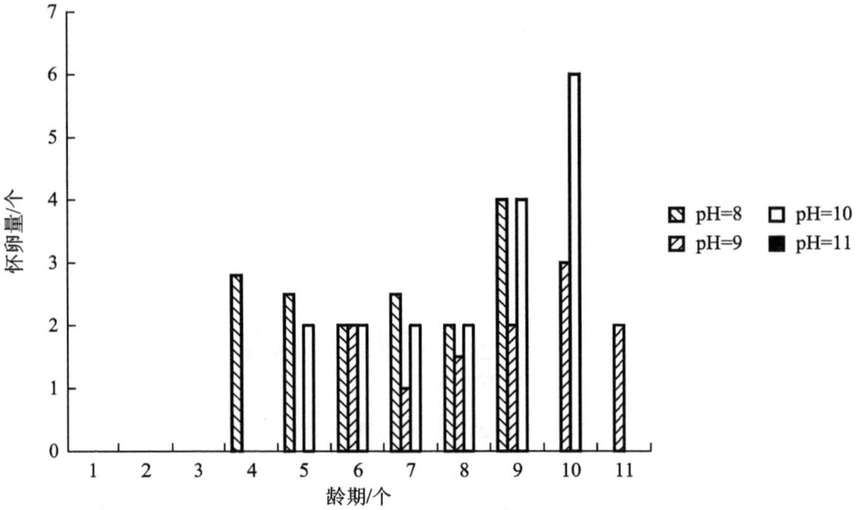

图 6　不同 pH 的水中老年低额溞怀卵量与龄期的关系（喂食）

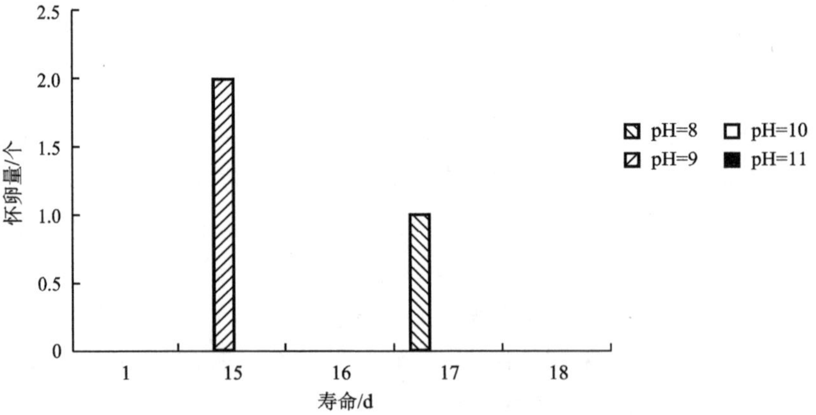

图 7　不同 pH 的水中老年低额溞怀卵量与寿命的关系（不喂食）

喂食条件下，不同 pH 水中的老年低额溞怀卵量与寿命关系如图 8 所示：pH 为 8，9，10 的水中的老年低额溞都怀卵，pH 为 11 的水中的老年低额溞不能存活。其中 pH 为 8 的水中的老年低额溞大约是在 24 d 开始怀卵；pH 为 9 的水中的老年低额溞在 23 d 左右怀卵；pH 为 10 的水中的老年低额溞在 27 d 开始怀卵，是几种不同 pH 的水中怀卵最晚的，却是怀卵量最多的。

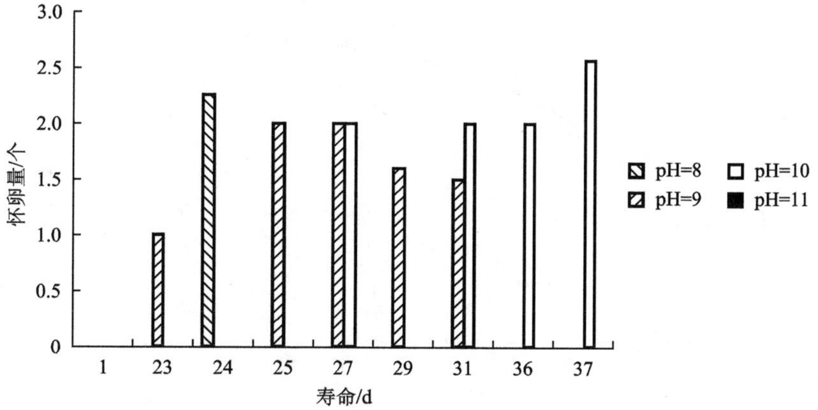

图 8　不同 pH 的水中老年低额溞怀卵量与寿命的关系（喂食）

4.2　西伯利亚低额溞在不同 pH 的水中生长生殖情况

不同 pH 的水对西伯利亚低额溞的体长、龄期、怀卵量和寿命等有不同程度的影响。不同 pH 水中的西伯利亚低额溞的体长与龄期关系如图 9 所示：不喂食情况下，在 pH 为 8 的水中的西伯利亚低额溞龄期数最多为 9 个，体长最长是 1.28 mm；在 pH 为 9 和 10 的水中的西伯利亚低额溞龄期数最多是 7 个，体长最长是 1.18 mm 和 1.13 mm；pH 为 11 的水中的西伯利亚低额溞和老年低额溞一样不能存活。

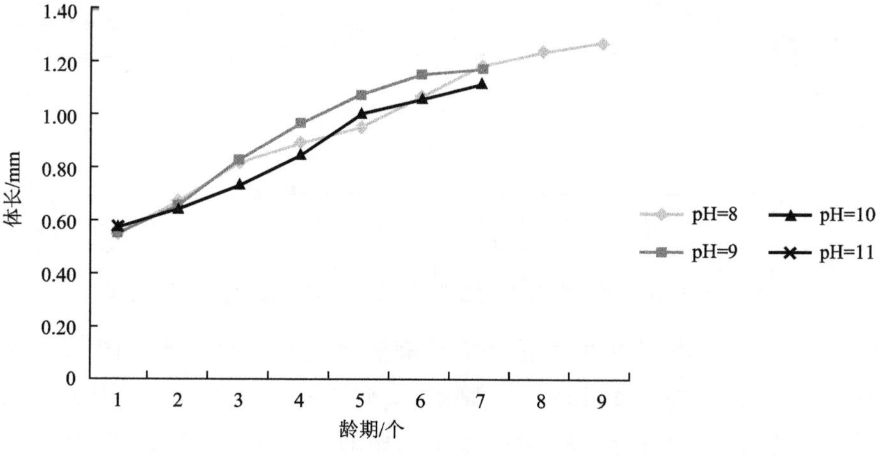

图 9　不同 pH 的水中西伯利亚低额溞体长与龄期的关系（不喂食）

喂食条件下，不同 pH 水中的西伯利亚低额溞体长与龄期的关系如图 10 所示：在 pH 为 8 和 10 的水中西伯利亚低额溞的龄期是最多的，最多龄期数为 10 个，最大体长出现在 pH 为 8 的水中，为 1.80 mm；pH 为 10 的水中的西伯利亚低额溞的体长是 1.64 mm；pH 为 9 的水中的西伯利亚低额溞的龄期数是 9 个，体长可达 1.60 mm。

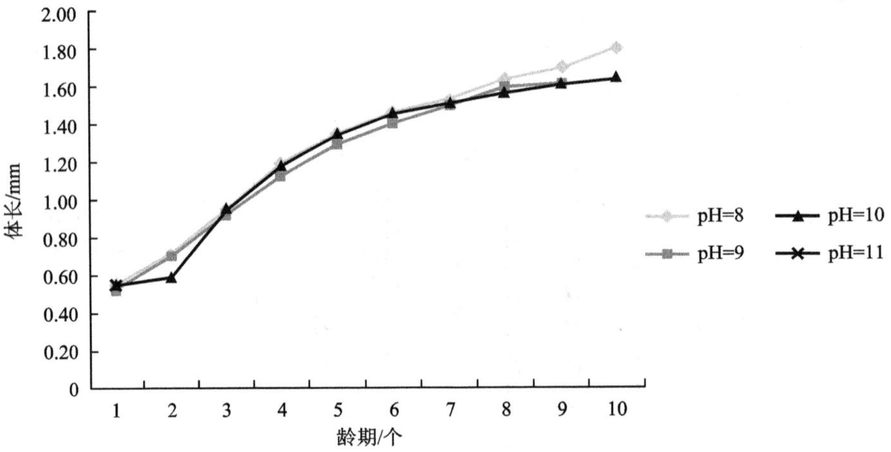

图 10　不同 pH 的水中西伯利亚低额溞体长与龄期的关系（喂食）

不喂食条件下，不同 pH 水中的西伯利亚低额溞体长与寿命的关系如图 11 所示：pH 为 8 的水中的西伯利亚低额溞的寿命最长，为 13 d；其次是 pH 为 9 和 10 的水中的西伯利亚低额溞，其寿命是 12 d。

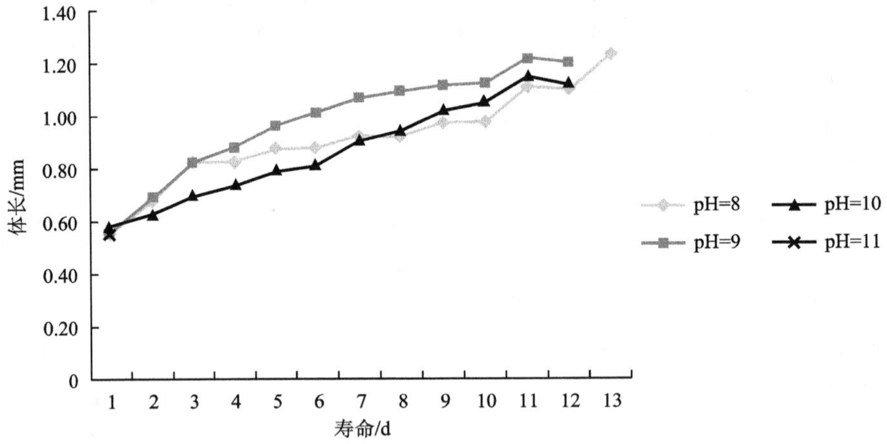

图 11　不同 pH 的水中西伯利亚低额溞体长与寿命的关系（不喂食）

喂食条件下，不同 pH 水中的西伯利亚低额溞体长与寿命关系如图 12 所示：在 pH 为 8，9，10 的水中，它们的寿命相差不大，都是 15 d 左右；pH 为 8 的水中的西伯利亚低额溞，体长是最长的，为 1.66 mm；在 pH 为 9 的水中的西伯利亚低额溞，体长为 1.57 mm；在 pH 为 10 的水中的西伯利亚低额溞，体长是 1.59 mm。

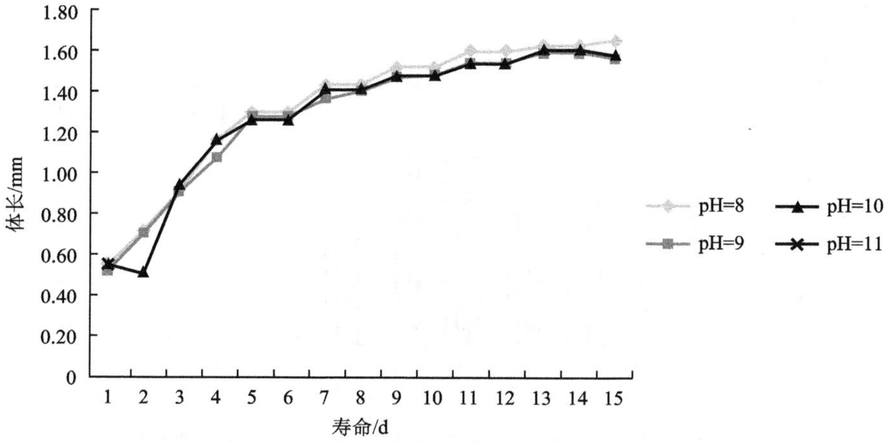

图 12　不同 pH 的水中西伯利亚低额溞体长与寿命的关系(喂食)

不喂食条件下,不同 pH 水中的西伯利亚低额溞怀卵量与龄期关系如图 13 所示:只有在 pH 为 8 的水中的西伯利亚低额溞才有怀卵的个体,而且怀卵量少,怀两次卵,分别在第 4 龄期和第 5 龄期。

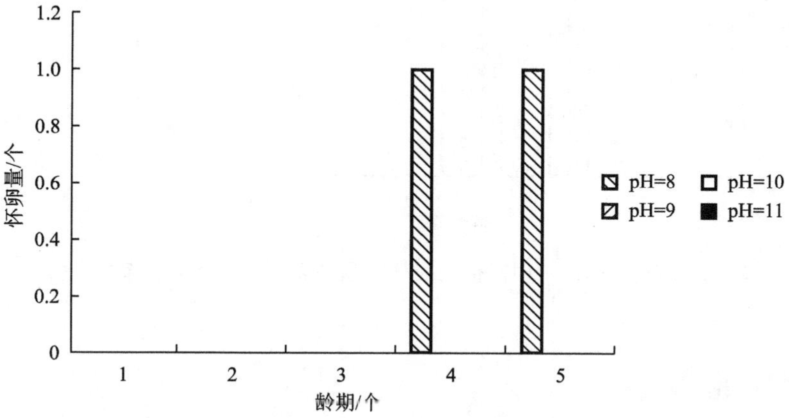

图 13　不同 pH 的水中西伯利亚低额溞怀卵量与龄期的关系(不喂食)

喂食条件下,不同 pH 水中的西伯利亚低额溞怀卵量与龄期关系如图 14 所示:pH 为 8 的水中的西伯利亚低额溞怀卵量最多,从第 4 龄期开始怀卵,在第 7 龄期时怀卵量最大;pH 为 9 的水中的西伯利亚低额溞,从第 4 龄期开始怀卵,在第 6 龄期怀卵量最大;pH 为 10 的水中的西伯利亚低额溞,从第 4 龄期开始怀卵,也是在第 6 龄期怀卵量最大。

喂食条件下,不同 pH 水中的西伯利亚低额溞怀卵量与寿命关系如图 15 所示:pH 为 9 的水中的西伯利亚低额溞最先开始怀卵,大约是在第 14 d;pH 为 8 的水中的西伯利亚低额溞开始怀卵的时间是第 15 d 左右;pH 为 10 的水中的西伯利亚低额溞开始怀卵的时间是第 14 d,是怀卵量最多的;pH 为 11 的水中的西伯利亚低额溞不能生存。

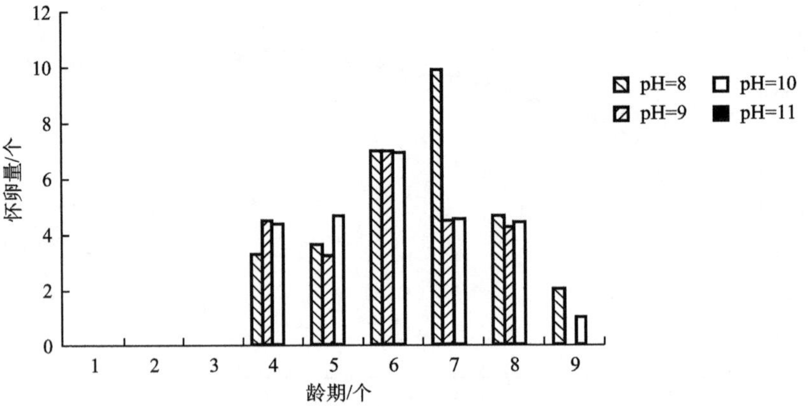

图 14　不同 pH 的水中西伯利亚低额溞怀卵量与龄期的关系(喂食)

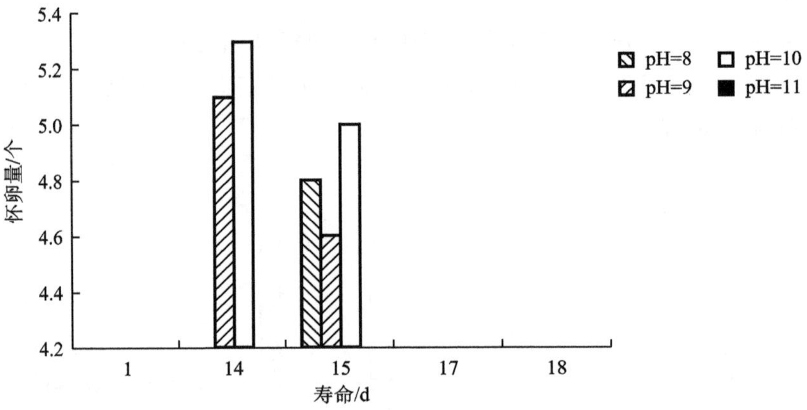

图 15　不同 pH 的水中西伯利亚低额溞怀卵量与寿命的关系(喂食)

5　讨　论

两种枝角类均生活在淡水中,水的 pH 影响枝角类的生命活动,尤其对生长生殖的影响极为显著。[16]由于老年低额溞和西伯利亚低额溞对水的 pH 的耐受性不同,在相同 pH 的水中或不同 pH 的水中,生长和生殖都有一定差异。下面就以同种枝角类在 4 种不同 pH 的水中生长和不同枝角类在同种 pH 的水中生长情况来讨论。

5.1　同一种枝角类在 4 种 pH 的水中生长生殖情况

老年低额溞适合在 pH 为 8,9,10 的水中生活,喂食条件下,老年低额溞存活时间最长是 30 d。从已有的研究结果可知,老年低额溞的食物阈值相对较低,能在低食物水平下生存。[17],因此,在不喂食情况下,老年低额溞也能在 pH 为 8,9,10 的水中生存 10 多天。不喂食,使得老年低额溞不能够怀卵,存活时间不长。喂食条件下,老年低额溞存活时间比较长，随着体长的增加，怀卵周期越来越短，怀卵量也在增加。实验中还发现，在pH为9的水中的老年低额溞会怀冬卵。从记录的温度(25～28 ℃)来看，由于进行实验的那个星期，第一天气温很高(28 ℃)，第二天比较低(19 ℃)，因此导致怀冬卵，冬卵脱落后紧接着就怀夏卵。在pH为11或高于11的水中，老年低额溞不能存活。在pH为8，9，10的水中的西伯利亚低额溞未发现有怀冬卵的情况，且西伯利亚低额溞的最大体长也比老年低额溞长，同样在pH为11的水中，它也不能存活。

5.2 不同枝角类在4种pH的水中生长生殖情况

老年低额溞和西伯利亚低额溞在pH为8，9，10的水中，第3个龄期以前每天蜕一次壳，第4至第8龄期隔一天蜕一次壳。两种溞在3种pH的水中，基本上都是在第4个龄期开始怀卵，最迟的不会超过第5龄期。老年低额溞和西伯利亚低额溞都是在pH为10的水中龄期最长。在pH为8和9的水中，两种溞的生长势头比较均匀。随着龄期的增加、寿命的增长，怀卵的周期会相应缩短，怀卵量也会随着增加，且不是一直增加到死，而是增加到一定阶段，又会出现减少的情况，这和施心路所述温度对喜马拉雅低额溞生长与生殖的影响的规律是一致的。[18]因此，溞的生长、发育是阶段性的，而不是连续性的。从实验统计的数据来看，西伯利亚低额溞比老年低额溞的怀卵量要多。Nandini和Sarma发现，老年低额溞在较低的食物密度下具有更高的生长生殖水平，并认为随着食物密度增加，老年低额溞的生殖率下降的原因是食物聚集的影响。[19]本实验中最先开始培养的是老年低额溞，在培养过程中，对食物的控制不是很到位，喂食时没摇晃离心管，导致食物聚集现象发生，影响了老年低额溞的生长和生殖。

参考文献

[1] 蒋燮治，堵南山. 中国动物志·淡水枝角类[M]. 北京：科学出版社，1979.

[2] 王丹丽，赖伟. 拟老年低额溞的生长与生殖[J]. 水产学报，1990(4)：304-312.

[3] 徐善良，王丹丽. 三种淡水枝角类海水驯化的比较研究[J]. 上海水产大学学报，1998(3)：253-257.

[4] Deng D G，Xie P. Effect of food and temperature on the growth and development of *Moina irrasa* (Cladocera：Moinidae)[J]. Journal of Freshwater，2003，18(4)：503-513.

[5] Sterner R W，Hagemeier D D，Smith W L，et al. Phytoplankton ank nutrient limitation and food quality for *Daphnia*[J]. Limnology and Oceanography，1993，38(4)：857-871.

[6] Burak E S. Life tables of *Moina macrocopa* (Straus) in successive generations under food and temperature adaptation[J]. Hydrobiologia，1997，360(1-3)：101-107.

[7] 堵南山，赖伟，邓雪怀，等. 隆线溞(*Daphnia carinata* King)生长与生殖力[J]. 华东师范大学学报，1983(1)：83-91.

[8] Lampert G W. Food thresholds in *Daphnia* Species in the absence and presence of blue-green filaments[J]. Ecology，1990，71(2)：691-702.

[9] 宋大祥. 大型溞(*Daphnia magna* Straus)的初步培养研究[J]. 动物学报，1962(1)：49-62.

[10] 郑重. 淡水枝角类的生长[J]. 动物学杂志，1958(4)：197-202.

[11] 堵南山，赖伟，邓雪怀，等. 食物多少对拟老年低额溞(*Simocephalus vetuloides* Sars)种量的影响[J]. 华东师范大学学报(自然科学版)，1982(1)：103-109.

[12] 黄祥飞. 温度对近亲裸腹溞发育、生长和卵的生产量的影响[J]. 水生生物学集刊，1983(1)：105-112.

[13] 王丹丽，李明云，杨天勇，等. 温度与盐度对老年低额蚤和蚤状蚤生长及生殖的影响[J]. 水产学报，1996(4)：379-383.

[14] 钱云霞，陆开宏，张晓琴. 温度与食物对老年低额溞种群动态的影响[J]. 浙江海洋学院学报(自然科学版)，2001(3)：209-212.

[15] 王如平，徐家铸. 温度对微型裸腹蚤(*Moina Micrura*)发育和生长的影响[J]. 南京师范大学学报(自然科学版)，1989(3)：75-80.

[16] 王静，唐亚，孙辉，等. 嘉陵江中游江段枝角类的区系分布及其环境意义[J]. 江西水产科技，2004(1)：13-18.

[17] 邓道贵，靳英，柳明，等. 温度和食物浓度对老年低额溞生长与生殖的影响[J]. 水生生物学报，2006(3)：298-303.

[18] 施心路，齐彩花，刘桂杰，等. 温度对喜马拉雅低额溞生长与生殖的影响[J]. 水生生物学报，2010，34(4)：794-805.

[19] Nandini S, Sarma S S. Life table demography of four cladoceran species in relation to algal food (*Chlorella vulgaris*) density[J]. Hydrobiologia，2000，435(1)：117-126.

三种枝角类夏卵的生长发育研究

前　言

老年低额溞(*Simocephalus vetulus*)、方形网纹溞(*Ceriodaphnia quadrangula*)和微型裸腹溞(*Moina micrura*)同属节肢动物门甲壳纲枝角目溞科,是淡水水域中常见的枝角类[1],在淡水食物链中具有十分重要的作用。因营养丰富、种类繁多、分布很广、发育期短、生殖量高、繁殖快、适应性强、易培养等特点,故枝角类是水生经济动物鱼虾类苗种培育的优质饵料。[2-4]同时,枝角类生物以滤食为摄食方式,以水中的细菌、藻类、有机碎屑等为食,在自然条件下具有一定的净化水质和控制藻类繁殖的能力。[5]但是,不同品种的枝角类在生长过程中,即使是在生长环境相同的条件下,其生长速度、繁殖能力以及个体大小差别甚大。[1]

近年来,随着特种水产养殖业的迅猛发展,天然枝角类的产量已越来越不能满足鱼苗种类培育的需求。[6]因此,身体透明的枝角类愈来愈多地成为显微镜下研究的对象,从早期有关枝角类外部形态描述已经逐渐转向内部结构、发育、生殖及生理方面的研究。[1]在外界条件比较适宜的春末夏初时期,枝角类主要进行孤雌生殖[7],雌性个体所产的卵子称为孤雌生殖卵(parthenogenesis eggs),即夏卵。夏卵不需要经过受精就能发育,因此又称非受精卵。[8]

本文在实验室中,在 pH 为(6.7±0.6)的拟自然环境淡水条件下,用原采集地的过滤水培养,并置于阳光下,对采集于贵州省黔南布依族苗族自治州都匀市帝景豪园附近池塘中的老年低额溞、方形网纹溞和微型裸腹溞三种枝角类夏卵的生长发育进行了粗略的研究,以便为后期进一步深入研究枝角类怀卵史提供科学理论依据。

1 材料与方法

1.1 实验材料

1.1.1 采集用具

64 μm 浮游生物网、广口瓶、收集瓶。

1.1.2 实验用具

50 mL 小烧杯、培养皿、吸管、载玻片、解剖针、解剖镜、荧光显微镜。

1.1.3 培养材料

老年低额溞、方形网纹溞和微型裸腹溞。

1.2 实验方法

1.2.1 采集方法

根据老年低额溞、方形网纹溞和微型裸腹溞三种枝角类在水域中占据的不同生态位和不同种溞类具有的不同生活习性[9]，采用水生生物学采样方法，使用 64 μm 浮游生物网在贵州省黔南布依族苗族自治州都匀市帝景豪园附近池塘中分别以水的表层、中层、底层左右和上下来回进行捕捞，重复数次。将采集到的浮游生物过滤好倒入广口瓶内，然后装进准备好的采集瓶里，带回实验室处理。

在春末夏初时进行采集，这个时间段，外界条件良好，是枝角类繁殖盛季，并且生殖方式以孤雌生殖为主。[4,8]

1.2.2 样品筛选

从贵州省黔南布依族苗族自治州都匀市帝景豪园附近池塘里采集到的样品中选取老年低额溞、方形网纹溞和微型裸腹溞三种枝角类作为目标样品，在显微镜下仔细辨认、区别种类，挑选目标样品，拍摄图片。选择生长状况良好、怀卵量少的母体作为样品，一部分样品作为实验观察材料，一部分样品放置于实验室作为培养备用。

1.2.3 培养方法

从筛选好的样品中选择生命力强、发育正常的且将要怀卵的母体作为实验培养对象。一般情况下，为了保持生理上的一致性和数据的准确性，同一品种最好选择大小、形状相差不多的母体。在室温、不添加食物、通风、有光(光照 12 h/d)、pH 为(6.7±0.6)的水中等相同条件下，将选好的老年低额溞、方形网纹溞和微型裸腹溞的母体，按每个品种 4 只分别放入容量均为 50 mL 的烧杯中，每个烧杯放入 1 只，用原采集地的过滤水样培养。自培养之日起每天换一次水，以确保氧气和食物充足。

在实验中，为确保数据的准确性，对三种枝角类各设置了4个平行实验组，由此得出的结果数据更加具有普遍性及说服力。

1.3 样品的检测

1.3.1 显微观察

每隔2 h用吸管吸取溞类母体置于准备好的载玻片上，然后把带有溞类母体的载玻片放置于显微镜下观察卵的形态和各时期卵的生长发育情况，并拍照、测量、记录，直至培养对象全部出生。

1.3.2 显微拍照

用荧光显微镜对老年低额溞、方形网纹溞和微型裸腹溞三种枝角类怀卵母体和解剖出来的夏卵在各个时期的生长发育情况进行整体拍照。

母体：在荧光显微镜下操作，分别将置于载玻片上的老年低额溞、方形网纹溞和微型裸腹溞母体周围的水尽可能地吸至溞类母体活动最慢甚至不动时为止。在保证枝角类母体不会干死的情况下，将带有溞属母体的载玻片置于显微镜下，固定好，打开显微摄像系统进行整体拍照。

解剖卵：在荧光显微镜下操作，分别将不同枝角类在各时期的解剖卵放置于载玻片上，在保持解剖卵周围的水尽可能不会干的情况下，将带有解剖卵的载玻片置于显微镜下，固定好，打开显微摄像系统进行整体拍照。

1.4 数据处理

通过实验记录得出数据后，经过处理并运用显微图上距离与实际距离公式分别计算各时期的卵长和卵宽：

$$a/500=b/x$$

公式中 a 表示显微图上测量的刻度尺距离，b 表示显微图上测量的卵长或卵宽，x 表示需要计算的实际卵长或卵宽。

显微镜下观察解剖卵，可知大多数呈椭圆形，由此根据椭圆的面积公式来计算各时期的卵面积：

$$S=\pi(\text{圆周率})\times x_1\times x_2$$

其中 x_1，x_2 分别是椭圆的半短轴、半长轴的长。

2 结　果

2.1 夏卵的发育分期

通过显微镜观察夏卵的生长发育过程，将老年低额溞、方形网纹溞和微型裸腹溞三种枝角类的夏卵大致分为卵裂期、长胚期、复眼期和个体期共 4 个时期，每个时期的形态特征和发育所需的时间见表 1。

表 1　三种枝角类夏卵的发育分期和所需的时间

发育分期	发育特点	发育所需的时间/h		
		老年低额溞	方形网纹溞	微型裸腹溞
卵裂期	有卵膜，卵不透明或半透明，呈深颜色的椭圆形或长卵圆形或圆球形	13.0	13.5	12.5
长胚期	有卵黄颗粒，颜色很深，开始出现头部轮廓，形状不规则	12.0	13.0	12.5
复眼期	卵黄颗粒减少，颜色变浅，出现眼点，形成触角雏形，幼体轮廓基本形成	14.0	15.0	13.0
个体期	眼点变黑，颈沟明显，第二触角、食道和腹部完全长成，有尾爪，长成幼虫个体	8.0	8.5	7.0
夏卵发育所需总时间		47.0	50.0	45.0

夏卵刚从输卵管排出来时，卵膜不明显，卵的外质透明或半透明，卵的内质充满卵黄质，呈深颜色的椭圆形或长卵圆形或圆球形；随着卵裂次数不断增加，卵膜逐渐明显，卵膜开始分开脱落，胚胎不断增大，胚体增长显著。卵黄颗粒不断增多，并向头原基移动，形状不规则，头部轮廓开始出现；胚胎头部开始变尖，出现浅色的眼点，卵黄颗粒逐渐减少，第二触角发育基本完成，胚胎尾部向后突出，眼点逐渐愈合变黑。体内肠管已经基本成型，第二触角和胸肢已经长成，颈沟明显，食道和腹部完全长成，有尾爪、刚毛，能自由活动，长成幼体。

不同品种枝角类的夏卵发育过程所需时间也不同，见表 1。老年低额溞所需时间近 2 d，方形网纹溞所需时间平均为 2.1 d，微型裸腹溞所需时间约 1.9 d。

2.2　老年低额溞夏卵的生长发育情况

2.2.1　夏卵发育各时期的形态特征

在老年低额溞夏卵的生长发育过程中，采用荧光显微镜拍照系统，在 10 倍镜下对其解剖卵的 4 个时期进行整体拍照，如图 1 所示。通过显微解剖，可以清晰地看到老年低额溞夏卵各时期的形态特征。在老年低额溞夏卵的卵裂期，卵有卵膜、不透明、呈黑色长卵圆形（如图 1a 所示）；在老年低额溞夏卵的长胚期，卵有很多卵黄颗粒，颜色很深，形状不规则，开始出现头部轮廓（如图 1b 所示）；在老年低额溞夏卵的复眼期，卵的卵黄颗粒减少，颜色变浅，出现眼点，形成触角，幼体轮廓基本形成（如图 1c 所示）；在老年低额溞夏卵的个体期，卵的眼点变黑，颈沟明显，第二触角、食道和腹部完全长成，有尾爪，能活动（如图 1d 所示）。

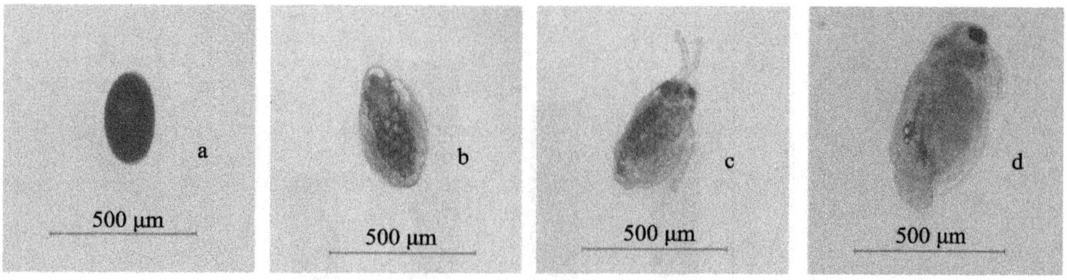

a. 老年低额溞夏卵的卵裂期；b. 老年低额溞夏卵的长胚期；
c. 老年低额溞夏卵的复眼期；d. 老年低额溞夏卵的个体期

图 1　老年低额溞夏卵解剖显微图(×10)

2.2.2　夏卵的增长变化情况

在老年低额溞夏卵的生长发育过程中，卵长、卵宽和卵面积随着夏卵的生长发育不断增长。老年低额溞的卵长、卵宽和卵面积增长状况如图 2 所示：老年低额溞在卵裂期的卵长为 0.238 mm，卵宽为 0.187 mm，卵面积为 0.035 mm^2；老年低额溞在长胚期的卵长为 0.324 mm，卵宽为 0.235 mm，卵面积为 0.059 mm^2；老年低额溞在复眼期的卵长为 0.375 mm，卵宽为 0.265 mm，卵面积为 0.078 mm^2；老年低额溞在个体期的卵长为 0.542 mm，卵宽为 0.327 mm，卵面积为 0.139 mm^2。

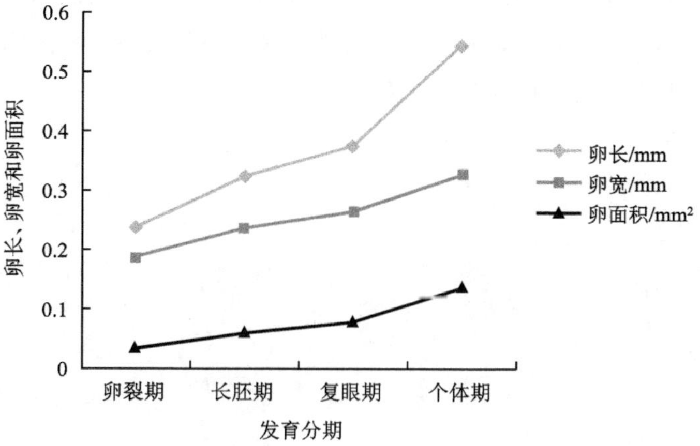

图 2　老年低额溞的卵长、卵宽和卵面积增长状况曲线图

2.2.3　夏卵发育分期所需的时间

在老年低额溞夏卵的生长发育过程中，需要 13 h 进行卵裂；随着卵不断增长，经过 12 h 后头部逐渐形成，完成长胚期；伴随头部的变化和其他特征的基本形成又经过 14 h 完成复眼期；再发育 8 h 后胚胎成熟，孵出幼体，完成个体期(如图 3 所示)。

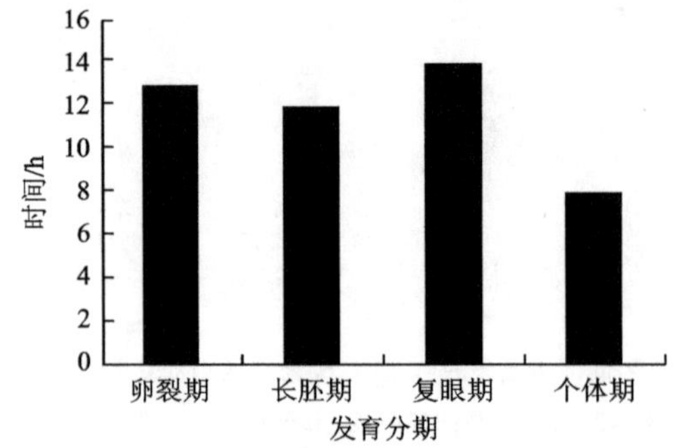

图 3　老年低额溞夏卵发育分期所需时间统计图

2.3　方形网纹溞夏卵的发育状况

2.3.1　夏卵发育各时期的形态特征

在方形网纹溞夏卵的生长发育过程中，采用荧光显微镜拍照系统在 10 倍镜下对其解剖卵的 4 个时期进行整体拍照，如图 4 所示：观察解剖卵图片，在方形网纹溞夏卵的卵裂期，卵有卵膜，卵半透明，呈黑色椭圆形（如图 4a 所示）；在方形网纹溞夏卵的长胚期，卵有很多卵黄颗粒，颜色很深，开始出现头部轮廓，形状不规则（如图 4b 所示）；在方形网纹溞夏卵的复眼期，卵的卵黄颗粒减少，颜色变浅，出现眼点，形成触角，幼体轮廓基本形成（如图 4c 所示）；在方形网纹溞夏卵的个体期，卵的眼点变黑，颈沟明显，第二触角、食道和腹部完全长成，有尾爪，能活动（如图 4d 所示）。

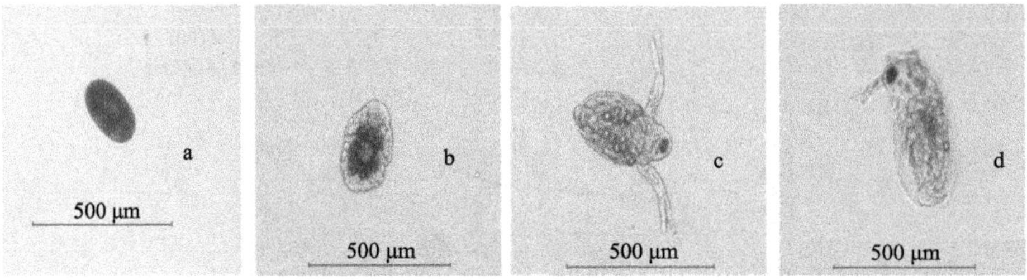

a. 方形网纹溞夏卵的卵裂期；b. 方形网纹溞夏卵的长胚期；
c. 方形网纹溞夏卵的复眼期；d. 方形网纹溞夏卵的个体期

图 4　方形网纹溞的解剖卵显微图

2.3.2　夏卵的增长变化情况

在方形网纹溞夏卵的生长发育过程中，卵长、卵宽和卵面积随着夏卵的生长发育不断增长。方形网纹溞的卵长、卵宽和卵面积增长状况如图 5 所示：方形网纹溞在卵裂期的卵长为 0.236 mm，卵宽为 0.128 mm，卵面积为 0.024 mm^2；方形网纹溞在长胚期的卵长为 0.269 mm，卵宽为 0.167 mm，卵面积为 0.035 mm^2；方形网纹溞在复眼期的卵长为

0.365 mm，卵宽为 0.208 mm，卵面积为 0.059 mm^2；方形网纹溞在个体期的卵长为 0.436 mm，卵宽为 0.251 mm，卵面积为 0.086 mm^2。

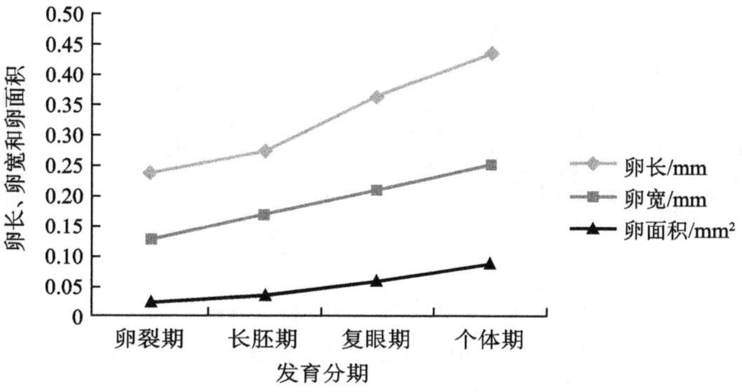

图 5　方形网纹溞的卵长、卵宽和卵面积增长状况曲线图

2.3.3　夏卵发育分期所需的时间

在方形网纹溞夏卵的生长发育过程中，需要 13.5 h 进行卵裂；随着卵不断增长，经过 13.0 h 后头部逐渐形成，完成长胚期；伴随头部的变化和其他特征基本形成，又经过 15.0 h 完成复眼期；再发育 8.5 h 后胚胎成熟，孵出幼体，完成个体期（如图 6 所示）。

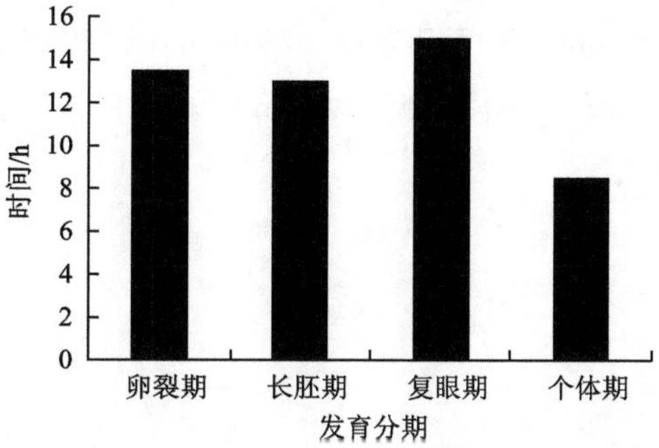

图 6　方形网纹溞夏卵发育分期所需时间统计图

2.4　微型裸腹溞夏卵的发育状况

2.4.1　夏卵发育各时期的形态特征

在微型裸腹溞夏卵的生长发育过程中，采用荧光显微镜拍照系统在 10 倍镜下对其解剖卵的 4 个时期进行整体拍照，如图 7 所示。通过图 7 可以观察到，微型裸腹溞夏卵 4 个时期的特征。在微型裸腹溞夏卵的卵裂期，卵有卵膜、透明、呈灰绿色圆球形（如图 7a 所示）；在微型裸腹溞夏卵的长胚期，卵有很多卵黄颗粒，颜色较深，开始出现头部轮廓（如图 7b 所示），变成不规则的长椭圆形；在微型裸腹溞夏卵的复眼期，卵的卵黄颗粒减少，颜色变浅，出现眼点，形成触角，幼体轮廓基本形成（如图 7c 所示）；在微型裸腹溞夏

卵的个体期，卵的眼点变黑，颈沟明显，第二触角、食道和腹部完全长成，有尾爪，能活动（如图 7d 所示）。

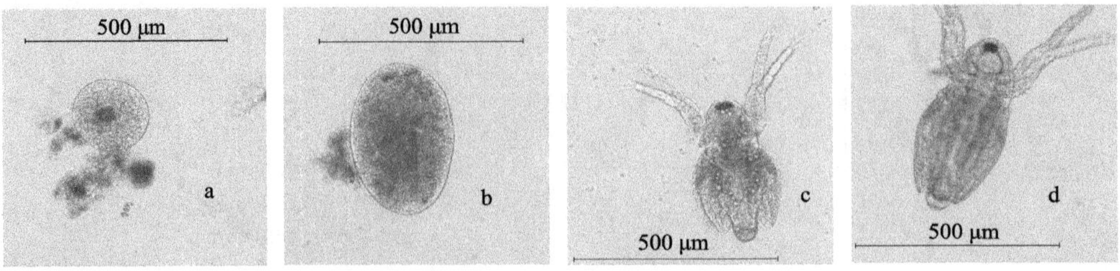

a. 微型裸腹溞夏卵的卵裂期；b. 微型裸腹溞夏卵的长胚期；

c. 微型裸腹溞夏卵的复眼期；d. 微型裸腹溞夏卵的个体期

图 7　微型裸腹溞的解剖卵显微图

2.4.2　夏卵的增长变化情况

在微型裸腹溞夏卵的生长发育过程中，卵长、卵宽和卵面积随着夏卵的生长发育不断增长。微型裸腹溞的卵长、卵宽和卵面积增长状况如图 8 所示：微型裸腹溞在卵裂期的卵长为 0.199 mm，卵宽为 0.191 mm，卵面积为 0.029 mm^2；微型裸腹溞在长胚期的卵长为 0.407 mm，卵宽为 0.264 mm，卵面积为 0.084 mm^2；微型裸腹溞在复眼期的卵长为 0.407 mm，卵宽为 0.239 mm，卵面积为 0.076 mm^2；微型裸腹溞在个体期的卵长为 0.449 mm，卵宽为 0.239 mm，卵面积为 0.084 mm^2。

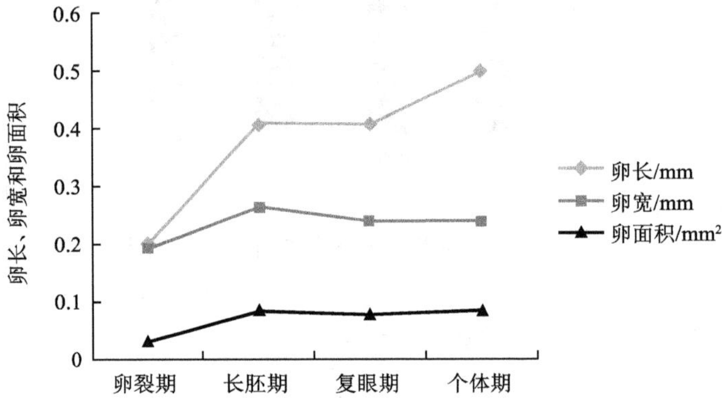

图 8　微型裸腹溞的卵长、卵宽和卵面积增长状况曲线图

2.4.3　夏卵发育分期所需的时间

在方形网纹溞夏卵的生长发育过程中，需要 12.5 h 进行卵裂；随着卵不断增长，经过 12.5 h 后头部逐渐形成，完成长胚期；伴随头部的变化和其他特征基本形成，又经过 13.0 h 完成复眼期；再发育 7.0 h 后胚胎成熟，孵出幼体，完成个体期（如图 9 所示）。

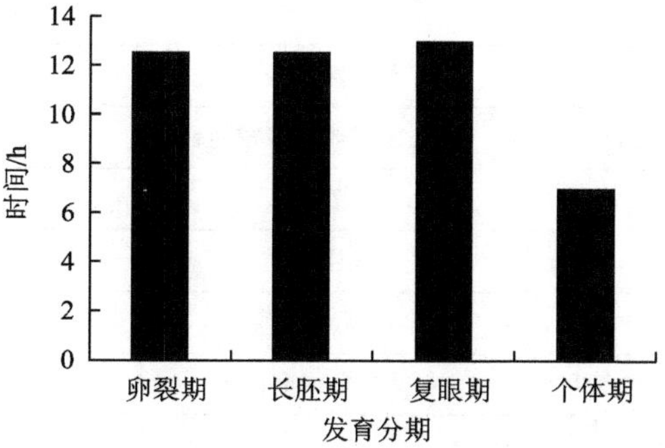

图 9　微型裸腹溞夏卵发育分期所需时间统计图

3　讨　论

3.1　枝角类怀夏卵母体的形态特征

本文通过显微拍照系统，在 4 倍显微镜下拍出三种枝角类怀夏卵母体的显微照片如图 10 所示。根据蒋燮治、堵南山在《中国动物志·节肢动物门》里对枝角类雌性形态特征的详细描述[1]和本次实验结果，在此主要比较老年低额溞、方形网纹溞和微型裸腹溞三种枝角类母体形态特征的异同。从参考文献里对所研究的三种枝角类雌性外形特征的描述来分析，除了后腹角相同以外，表现出来的其他外形特征基本不同。观察三种枝角类雌性的显微照片，可以清晰看出不同属溞体的大小、形态结构是明显不同的。因此，本次实验结果与参考文献详细描述所研究的三种枝角类形态特征的差异是相吻合的。不同属雌性溞体，其大小、形态、结构基本不同，其形态差异见表 2。

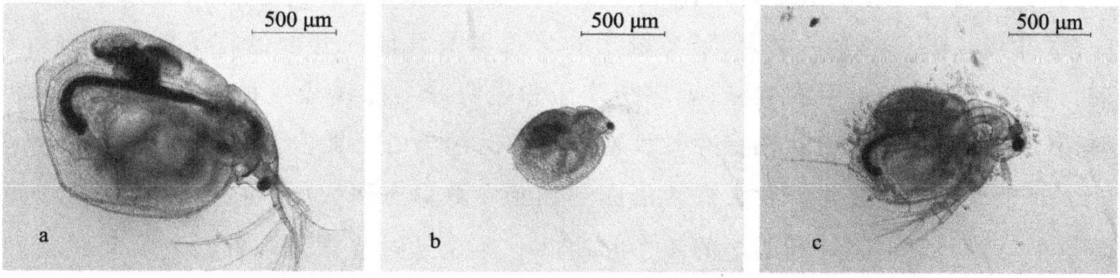

a. 老年低额溞母体；b. 方形网纹溞母体；c. 微型裸腹溞母体

图 10　三种枝角类怀夏卵母体显微图(×4)

表 2　不同溞类母体形态特征比较

物种	老年低额溞	方形网纹溞	微型裸腹溞
体长/mm	1.23～1.87	0.44～1.00	0.65～0.85
体形	宽卵形	椭圆形，较侧扁	宽卵形

续表

物种	老年低额溞	方形网纹溞	微型裸腹溞
体色	暗绿色或黄褐色	无色透明或带浅灰色	无色透明或带浅红色
额顶	浑圆	圆	圆
颈沟	浅	很深	深
吻	小而尖	无吻	无吻
单眼	细长,呈纺锤形或菱形	小,呈圆形或卵圆形	无单眼
第一触角	短棒状	短小	略短于头长一半
第二触角	不长,弯曲成钩状,有细刺	外肢 4 节,内肢 3 节	内外肢不超过壳长一半
腹部	短而宽	较窄	短而瘦
后背角	稍许凸出	尖凸	凸出
后腹角	浑圆	浑圆	浑圆
壳瓣	背缘弓起,腹缘微凸	背缘稍微弓起,腹缘较不弧曲	腹缘比背缘更凸出,沿缘前半部列生刚毛
尾部	短而平	短而尖	长而尖
尾爪	细长,稍弯曲	长大	短大
肛刺/个	8～10	约 9	3～6
文献来源	蒋燮治、堵南山,1979[1]		

3.2 关于胚胎发育的分期

近年来有关枝角类胚胎发育方面的文章较多,虽然不同枝角类的胚胎发育类型基本相似,但不同的研究者根据胚胎外部形态特征变化分为不同的时期。对枝角类胚胎发育的分期,各研究者一般是依据卵裂、胚胎延长、头部是否形成、眼点是否出现、眼点颜色变化(由红变黑)、眼点的愈合变大、第 2 触角的出现以及其他内外部器官等的形成进行分期的。黄祥飞研究的近亲裸腹溞、短尾秀体溞和透明溞与隆线溞亚种的胚胎发育分为 4 个时期[10-12];而施心路、史新柏在对微齿喜马拉雅低额溞的胚胎发育进行研究时,将其分为 8 个时期[13];郑又雄关于发头裸腹溞卵和胚胎发育形态研究中,将卵—胚胎发育的各个若干小时期分成形态特征明显的 4 个时期[14]。本文通过显微镜观察到老年低额溞、方形网纹溞和微型裸腹溞三种枝角类夏卵的生长发育情况,并依据卵的形态特征大致分为 4 个时期:卵裂期、长胚期、复眼期和个体期。

4 结　论

外界条件比较良好的春末夏初时期是枝角类繁殖盛季,生殖方式主要为孤雌生殖。雌性个体所产的卵子不需要经过受精就能发育,称为孤雌生殖卵,即夏卵。[1]

夏卵刚从输卵管排出来时，老年低额溞的卵呈黑色的长卵圆形，不透明；方形网纹溞的卵呈黑色的椭圆形，半透明；微型裸腹溞的卵呈灰绿色圆球形，透明。夏卵排入孵育囊后，快速分裂，除了刚排出来时的夏卵其形状和透明度不同，这三种枝角类夏卵发育过程的形态变化基本相似。在夏卵的发育过程中，以卵的形态特征为依据，将这三种枝角类的夏卵大致分成形态特征明显的 4 个时期。

在相同环境条件下培养不同溞类的怀卵母体，可能因其大小、形态、结构不同而引起怀卵史的整个发育过程不同。通过研究老年低额溞、方形网纹溞和微型裸腹溞三种不同枝角类的夏卵发育，发现不同种枝角类的夏卵发育过程所需时间不同；在不同枝角类的夏卵发育过程中，它们的卵长、卵宽和卵面积的增长变化程度不一样。

参考文献

[1] 蒋燮治，堵南山. 中国动物志·淡水枝角类[M]. 北京：科学出版社，1979.

[2] 邓道贵，孟琼，毛开云，等. 温度和种间竞争对大型溞种群动态和两性生殖的影响[J]. 生态学报，2009，29(12)：6 351-6 358.

[3] 王丹丽，李明云，汪海波，等. 温度对老年低额溞和蚤状溞的繁殖能力及内禀增长率(rm)的影响[J]. 宁波大学学报，1996，9(3)：36-43.

[4] 郑重. 甲壳动物的生殖量与环境关系 I. 枝角类[J]. 生态学杂志，1990，9(5)：36-41.

[5] 操璟璟，廖庆生，蒋继宏，等. 不同温度条件下几种枝角类浮游动物的抑藻净水效应研究[J]. 生物学杂志，2010，27(1)：57-69.

[6] 陆正和，杨家新，王笑. 食物种类及温度对发头裸腹溞种群动态的影响[J]. 淡水渔业，2002，32(3)：38-39.

[7] 赵云龙. 枝角类动物生殖生物学研究进展[J]. 生物学教学，2012，37(1)：2-4.

[8] 堵南山，赖伟，邓雪怀. 两种淡水枝角类生殖量的季节变化[J]. 海洋与湖沼，1964，6(4)：409-422.

[9] 王旭. 三种枝角类对温度的适应能力[J]. 四川师范学院学报，2000，9(3)：262-273.

[10] 黄祥飞. 温度对近亲裸腹溞发育生长和卵的生产量的影响[J]. 水生生物学集刊，1983，8(1)：105-112.

[11] 黄祥飞. 短尾秀体溞的发育与生长[J]. 水生生物学报，1986，10(1)：52-59.

[12] 黄祥飞. 温度对透明溞和隆线溞：亚种发育及生长的影响[J]. 水生生物学集刊，1984，8(2)：207-224.

[13] 施心路，史新柏. 微齿喜马拉雅低额溞的生殖与发育[J]. 动物学报，1996，9(3)：287-297.

[14] 郑又雄. 发头裸腹溞卵和胚胎发育形态研究[J]. 动物学杂志，1993，28(6)：5-8.

溞科三种枝角类夏卵的生长发育研究

前　言

平突船卵溞(*Scapholeberis mucronata*)、西伯利亚低额溞(*Simocephalus sibiricus*)、黑龙江低额溞(*Simocephalus heilongjiangensis*)隶属于节肢动物门甲壳纲鳃足亚纲枝角目溞科，是常见的浮游甲壳纲动物，俗称红虫或鱼虫，属无脊椎动物。[1]

淡水枝角类是组成淡水浮游动物的主要类群之一，浮游动物是水域生态系统中重要的组成部分，是次级生产者之一。枝角类在自然水域中的特点是：个体小，数量大，繁殖快，易于培养，营养价值高，生活在水流比较缓慢、水质肥沃的湖泊、水库下游或池塘，是水产经济动物苗期的重要天然饵料。我国在涉足枝角类生物学研究方面主要有枝角类的营养价值[2]、水质净化作用[3-4]、药物微量测定、繁殖、育种与变异[5]等。

枝角类通常生活在春、夏、秋季节，条件适宜时，会进行孤雌生殖(Parthenogenesis)。[6]孤雌生殖，即雌性个体所产的夏卵，不需要经过受精就能发育，产出的幼体都是雌性个体。枝角类的夏卵怀卵量多、生殖周期短、营养丰富，为养殖鱼类的理想食物。[2]枝角类的生长生殖很容易受外界环境的影响，温度[7-8]、食物[9]、水等都对枝角类的怀卵情况有极大的影响。当环境条件不适宜时，枝角类会进行两性生殖(bisexual reprodution)[6]，这时夏卵不仅会产出雌性个体，同时也有雄性个体。二者随机交配，雌性个体怀冬卵。[10]枝角类的冬卵因溞属的不同而有多种形状，如低额属的为半心形，蚤状溞的大部分为豆荚形、其他属的多为椭圆形。一般情况下，枝角类只怀一个冬卵。一般认为枝角类的两性生殖是由低温、缺食、干旱等不良的外界因子引起的。[9,11]

为了理清不同种枝角类由卵到个体的生长发育过程，本文以平突船卵溞、西伯利亚低额溞和黑龙江低额溞为实验材料，通过观察、拍摄显微照片，研究枝角类的孤雌卵的生长情况和整个发育过程，并对不同枝角类夏卵生长发育的相同点或不同点进行比较，为以后深入了解该类动物夏卵的生长发育情况提供科学依据。

1　材料和方法

1.1　采集工具

浮游生物网、广口瓶、收集瓶、温度计。

1.2　采集方法

因各种溞类具有不同的生活习性，采样时一般在池塘边，以水的表层、中层、底层分别进行捕捞。用浮游生物网，上下左右来回晃动，重复几次，将采集到的浮游生物过滤入广口瓶内，然后再装进准备好的采集瓶里，将活体带回实验室处理。

1.3　样品采集

平突船卵溞、西伯利亚低额溞和黑龙江低额溞三种淡水枝角类采集于位于贵州省黔南布依族苗族自治州都匀市郊区的黔南民族职业技术学院的池塘。从采集到的标本中选取一部分生命力强的、发育正常且即将怀卵的个体进行饲养。一般情况下，为了保持生理上的一致性和数据的准确性，选择其中大小、形状相差不多的孤雌生殖母体。采集时间为春末夏初。实验材料的补给也在同一地点同一区域进行。

1.4　显微拍照

用吸管吸取平突船卵溞、西伯利亚低额溞和黑龙江低额溞的个体样本，放置于载玻片上，然后放于显微镜下，每隔 2 h 观察一次，进行 72 h 不间断观察，并进行显微摄像。对显微镜观察的溞体所怀卵的数量、卵的形态、卵的时期进行拍照并记录。

2　结　果

2.1　三种溞的形态和生活习性

黑龙江低额溞和西伯利亚低额溞同属低额溞属，形态特征几乎一样，但西伯利亚低额溞的单眼呈点状或短菱形，颈沟明显，头孔突出，基部有栉刺；黑龙江低额溞的单眼呈长泪滴状或偏纺锤形，后背角和后肛角明显。[1,12]

平突船卵溞属于船卵溞属，体短，体近乎为长方形。体色为灰暗或暗褐色，特别是吻部末端以及壳瓣前缘与腹缘的颜色较深。壳瓣背缘弧状拱起，腹缘与后缘均平直。后腹角几乎为垂直，且有一根短而粗壮的壳刺向后方延伸。[1,13]

黑龙江低额溞、西伯利亚低额溞与平突船卵溞虽为不同属，却都属于溞科动物。通过实地采样、实验观察发现：黑龙江低额溞、西伯利亚低额溞大多喜欢生活在水的中下层，部分漂浮在水面；平突船卵溞大多喜欢漂浮在水的表层。

2.2 夏卵的生长周期

通过显微镜观察溞体卵的生长情况，这里以卵的形态变化为依据，人为划分其卵的生长周期，即准备期、间期、前期、中期、后期、末期共 6 个时期。发现溞体达到性成熟时，肠子的两侧出现一条狭长的卵巢，在母体准备怀卵时，体内的肠子会变成黑色，且分节，并在较短的一段时间内把卵排到孵育囊内，此过程常常伴有溞体的蜕壳[11]，这个时期称为准备期；接着溞体背部的卵呈透明且较小的圆形，把此时期称作间期；随后溞体的卵变为黑色不透明的小圆形时，为前期；黑色圆形的溞体卵长大，颜色变浅且卵的边缘呈现出花纹状，此时称为中期；紧接着溞体浅黑色的卵外围一圈长出透明壳体，称为后期；最后溞体的卵逐渐发育为浅黄色椭圆形的小幼体，这时幼体已成形且有较小的复眼，称为末期。在母体内发育成形的幼体，在显微镜下观察，可以清晰地观察到幼体的外部特征，且幼体能在母体内转动，较为活跃。一般会在较短时间内脱离母体，由母体尾部肛门附近部位排出幼体。

2.3 三种溞类夏卵的生殖量

枝角类的生殖方式有两性生殖和孤雌生殖两种。[14]在条件适宜时，枝角类进行孤雌生殖，即怀卵为夏卵。经观察可得，平突船卵溞夏卵的最大怀卵量为 6 个，西伯利亚低额溞夏卵的最大怀卵量为 15 个，黑龙江低额溞夏卵的最大怀卵量为 18 个。在条件不适宜时，枝角类会进行两性生殖，即产生冬卵。平突船卵溞、西伯利亚低额溞、黑龙江低额溞怀冬卵个数均为 1 个。

经过实验观察发现，当昼长夜短时，更有利于枝角类的孤雌生殖。主要体现在孤雌生殖的周期变短和几乎不进行两性生殖，这与 Fries[15]所阐述的长光照（12 h/d）有利于孤雌生殖的进行相符。实验结果也表明，温度高于 25 ℃或低于 20 ℃时，都能影响枝角类的生殖量。当温度过高或者过低时，枝角类会进行两性生殖来度过不良环境。在培养溞体时，通常采用单只培养，因为在培养西伯利亚低额溞时发现，溞体种群密度过大时，溞体常常有进行两性生殖的母体。本实验结果与 Innes[16]的结论“种群密度过大常常会使溞体行有性生殖，这是遗传与环境相互作用的结果”相吻合。通过实验可以知道，枝角类的生殖量与食物、光照、温度、种群密度等因素有关。

2.4 三种溞类夏卵的面积

通过对夏卵的解剖发现，夏卵大多数呈椭圆形，由此根据椭圆的面积公式 $S=\pi$（圆周率)$\times a\times b$(其中 a,b 分别是椭圆的半短轴、半长轴的长)来计算,分别对平突船卵溞、西伯利亚低额溞和黑龙江低额溞三种溞体各时期夏卵的面积进行比较,具体情况见表 1、表 2 和表 3。

表 1　平突船卵溞夏卵的面积

时期	轴长/mm		面积/mm^2
准备期	a	0.031 3	0.004 0
	b	0.041 0	
间期	a	0.039 1	0.007 2
	b	0.058 6	
前期	a	0.039 1	0.008 4
	b	0.068 4	
中期	a	0.041 0	0.008 8
	b	0.068 4	
后期	a	0.043 0	0.009 2
	b	0.068 4	
末期	a	0.046 9	0.012 7
	b	0.086 0	

表 2　西伯利亚低额溞夏卵的面积

时期	轴长/mm		面积/mm^2
准备期	a	0.060 6	0.014 1
	b	0.074 2	
间期	a	0.062 5	0.015 3
	b	0.078 2	
前期	a	0.064 5	0.017 0
	b	0.084 0	
中期	a	0.066 4	0.020 0
	b	0.095 7	
后期	a	0.066 4	0.022 4
	b	0.107 4	
末期	a	0.070 3	0.028 5
	b	0.128 9	

表 3　黑龙江低额溞夏卵的面积

时期	轴长/mm		面积/mm^2
准备期	*a*	0.058 6	0.011 9
	b	0.064 5	
间期	*a*	0.060 6	0.012 3
	b	0.064 5	
前期	*a*	0.060 6	0.016 7
	b	0.087 9	
中期	*a*	0.062 5	0.018 8
	b	0.095 7	
后期	*a*	0.064 5	0.026 1
	b	0.128 9	
末期	*a*	0.070 3	0.029 3
	b	0.132 8	

通过表 1、表 2、表 3、图 1 可以知道，枝角类因溞属的不同，夏卵生长发育的面积会有较大的差异，如平突船卵溞和西伯利亚低额溞。平突船卵溞在各时期的面积分别为：准备期为 0.004 0 mm^2，间期为 0.007 2 mm^2，前期为 0.008 4 mm^2，中期为 0.008 8 mm^2，后期为 0.009 2 mm^2，末期为 0.012 7 mm^2。西伯利亚低额溞在各时期的面积分别为：准备期为 0.014 1 mm^2，间期为 0.015 3 mm^2，前期为 0.017 0 mm^2，中期为 0.020 0 mm^2，后期为 0.022 4 mm^2，末期为 0.028 5 mm^2。同一溞属夏卵的生长发育的面积会趋于相同，如西伯利亚低额溞和黑龙江低额溞。黑龙江低额溞在各时期的面积分别为：准备期为 0.011 9 mm^2，间期为 0.012 3 mm^2，前期为 0.016 7 mm^2，中期为 0.018 8 mm^2，后期为 0.026 1 mm^2，末期为 0.029 3 mm^2。通过对西伯利亚低额溞和黑龙江低额溞夏卵面积的对比可以看出，同属溞体夏卵的面积在同一时期发育相差不大。

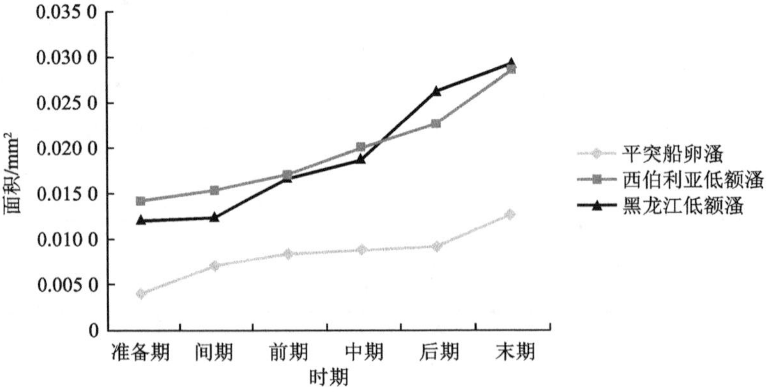

图 1　三种溞类夏卵的面积比较

2.5 不同枝角类怀夏卵母体的生长情况及各时期夏卵的发育情况

2.5.1 平突船卵溞

2.5.1.1 平突船卵溞怀夏卵母体的生长情况

由图 2 可见，平突船卵溞母体即将怀卵时，孵育囊内呈白色，且肠的颜色加深（如图 2a 所示）；平突船卵溞怀卵的第一阶段，即母体刚怀卵时，卵呈浅黑色椭圆形（如图 2b 所示）；平突船卵溞怀卵的第二阶段，母体所怀卵呈黑色圆形，圆的周围有花纹（如图 2c 所示）；平突船卵溞怀卵的第三阶段，母体所怀卵呈长椭圆形，周围呈现白色透明（如图 2d 所示）；平突船卵溞怀卵的第四阶段，母体所怀卵的中间为黑色，周围为白色（如图 2e 所示）；平突船卵溞怀卵的第五阶段，母体所怀卵已为成形的幼体，能看见复眼，并能在母体内活动（如图 2f 所示）。

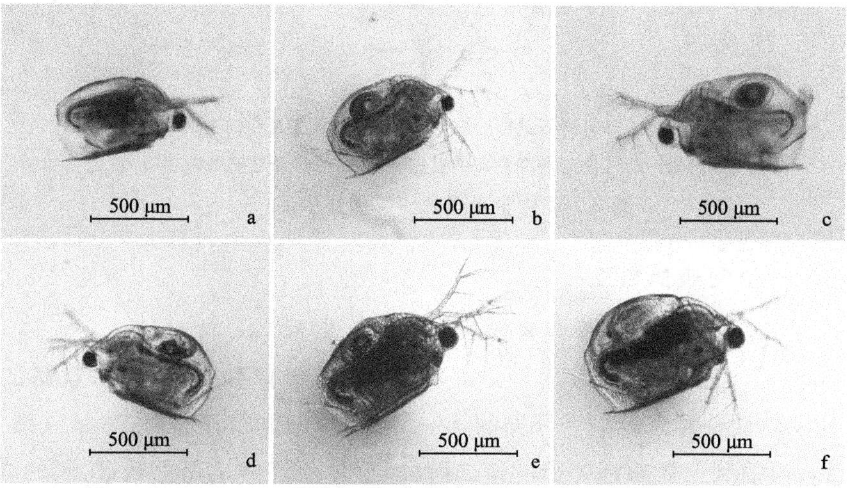

a. 即将怀卵母体孵育囊；b. 刚怀卵的平突船卵溞母体；c. 平突船卵溞母体内的卵呈浅黑色椭圆形且周围有花纹；d. 平突船卵溞母体内的卵呈长椭圆形且周围白色透明；e. 平突船卵溞母体内的卵中间为黑色，周围为白色；f. 平突船卵溞母体内的卵已发育成幼溞体

图 2 平突船卵溞母体的显微图（×4）

2.5.1.2 平突船卵溞夏卵的发育情况

通过显微解剖，可以观察到平突船卵溞的夏卵，在平突船卵溞夏卵的前期，为黑色椭圆形（如图 3a 所示）；在平突船卵溞夏卵的中期，为椭圆形（如图 3b 所示）；在平突船卵溞夏卵的后期，为不规则椭圆形，基本形成幼体的轮廓（如图 3c～图 3e 所示）；平突船卵溞夏卵的末期，有触角、复眼，能自由活动（如图 3f 所示）。

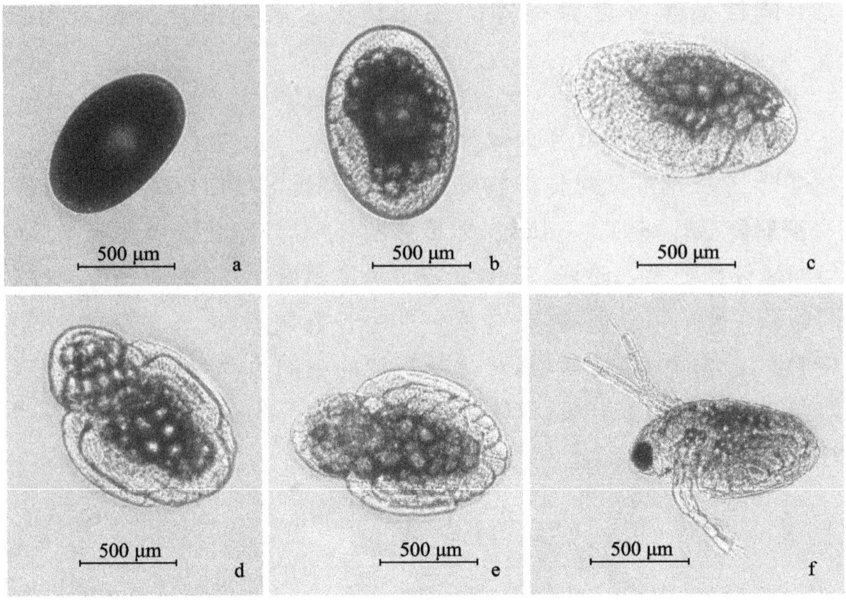

a. 平突船卵溞夏卵的前期；b. 平突船卵溞夏卵的中期；
c～e. 平突船卵溞夏卵的后期；f. 平突船卵溞夏卵的末期

图 3 平突船卵溞夏卵解剖显微图（×10）

2.5.2 西伯利亚低额溞

2.5.2.1 西伯利亚低额溞怀夏卵母体的生长情况

由图 4 可见，西伯利亚低额溞母体即将怀卵时，孵育囊内呈白色，且肠的颜色加深（如图 4a 所示）；西伯利亚低额溞怀卵的第一阶段，即母体刚怀卵时，卵呈浅黑色圆形（如图 4b 所示）；西伯利亚低额溞怀卵的第二阶段，母体所怀卵呈黑色圆形，圆的周围有花纹（如图 4c 所示）；西伯利亚低额溞怀卵的第三阶段，母体所怀卵呈长椭圆形，周围呈现白色透明（如图 4d 所示）；西伯利亚低额溞怀卵的第四阶段，母体所怀卵的中间为黑色，周围为白色（如图 4e 所示）；西伯利亚低额溞怀卵的第五阶段，母体所怀卵已为成形的幼体，能看见复眼，并能在母体内活动（如图 4f 所示）。

2.5.2.2 西伯利亚低额溞夏卵的发育情况

通过显微解剖，可以观察到西伯利亚低额溞的夏卵在前期时，为黑色圆形（如图 5a 所示）；在西伯利亚低额溞夏卵的中期，呈现花纹圆形（如图 5b～图 5c 所示）；在西伯利亚低额溞夏卵的后期，为不规则椭圆形，基本形成幼体的轮廓（如图 5d～图 5e 所示）；在西伯利亚低额溞夏卵的末期，有触角、复眼，能自由活动（如图 5f 所示）。

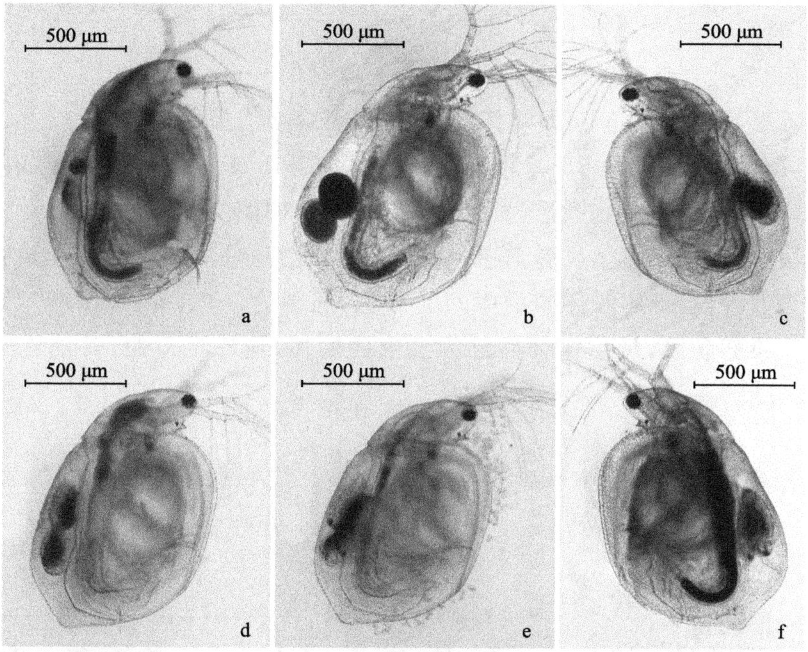

a. 即将怀卵母体孵育囊；b. 西伯利亚低额溞母体内的卵呈浅黑色圆形；c. 西伯利亚低额溞母体内的卵呈浅黑色圆状且周围有花纹；d. 西伯利亚低额溞母体内的卵呈长椭圆形且周围白色透明；e. 西伯利亚低额溞母体内的卵中间为黑色，周围为白色；f. 西伯利亚低额溞母体内的卵已发育成幼溞体

图 4　西伯利亚低额溞夏卵显微图(×4)

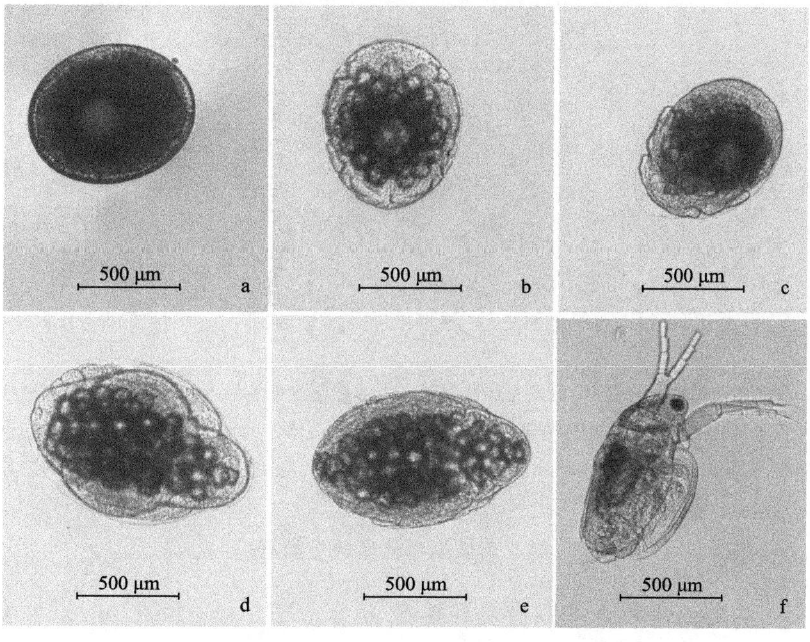

a. 西伯利亚低额溞夏卵的前期；b～c. 西伯利亚低额溞夏卵的中期；
d～e. 西伯利亚低额溞夏卵的后期；f. 西伯利亚低额溞夏卵的末期

图 5　西伯利亚低额溞夏卵解剖显微图(×10)

2.5.3 黑龙江低额溞

2.5.3.1 黑龙江低额溞怀夏卵母体的生长情况

由图6可见，黑龙江低额溞即将怀卵时，母体孵育囊内呈白色（如图6a所示）；在怀卵的第一阶段，即母体刚怀卵时，卵呈浅黑色圆形（如图6b所示）；在黑龙江低额溞怀卵的第二阶段，母体所怀卵呈黑色圆形，圆的周围有花纹（如图6c所示）；在黑龙江低额溞怀卵的第三阶段，母体所怀卵呈长椭圆形，周围呈现白色透明（如图6d所示）；在黑龙江低额溞怀卵的第四阶段，母体所怀卵的中间为黑色，周围为白色（如图6e所示）；在黑龙江低额溞怀卵的第五阶段，母体所怀卵已为成形的幼体，能看见复眼，并能在母体内活动（如图6f所示）。

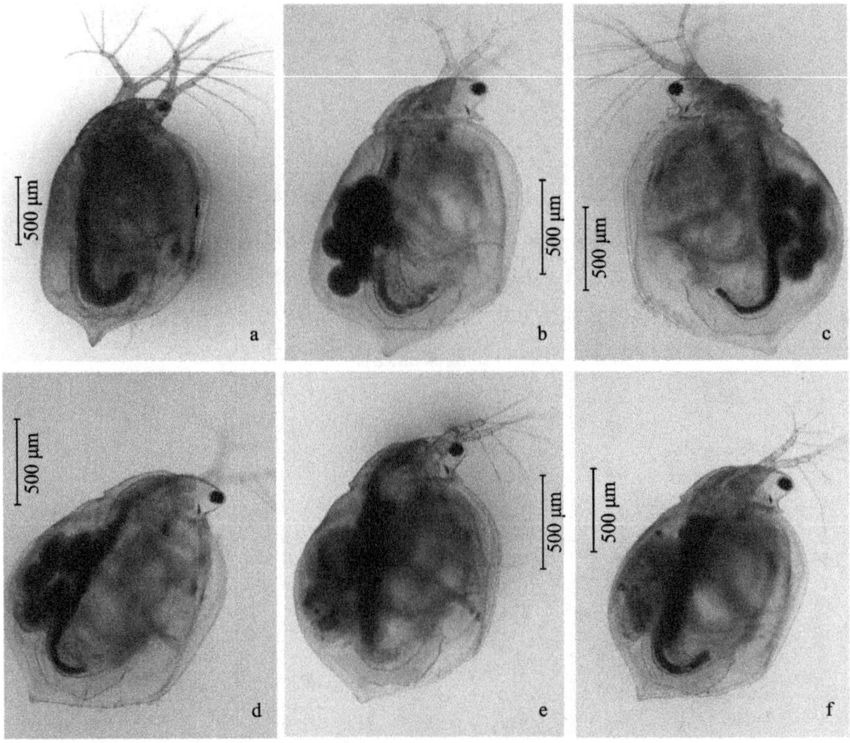

a. 即将怀卵母体孵育囊；b. 母黑龙江低额溞体内的卵呈浅黑色圆形；c. 母黑龙江低额溞体内的卵呈浅黑色圆形且周围有花纹；d. 母黑龙江低额溞体内的卵呈长椭圆形且周围白色透明；e. 母黑龙江低额溞体内的卵中间为黑色，周围为白色；f. 母黑龙江低额溞体内的卵已发育成幼溞体

图6 黑龙江低额溞夏卵的显微图（×4）

2.5.3.2 黑龙江低额溞夏卵的发育情况

通过显微解剖，可以观察到黑龙江低额溞的夏卵（如图7所示），其前期为黑色圆形（如图7a所示）；在黑龙江低额溞夏卵的中期，呈现浅黑色花纹圆形（如图7b所示）；在黑龙江低额溞夏卵的后期，为不规则椭圆状，基本形成幼体的轮廓（如图7c～图7d所示）；

在黑龙江低额溞夏卵的末期，有触角、复眼，能自由活动(如图 7e～图 7f 所示)。

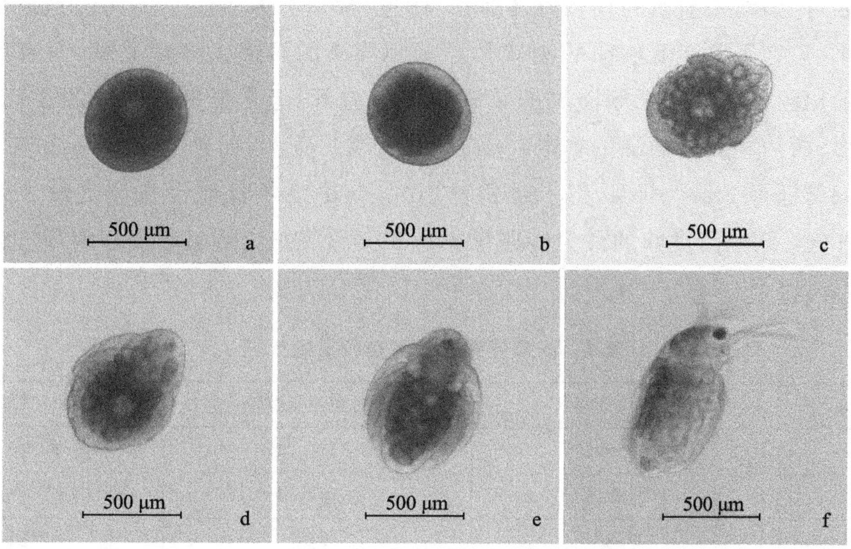

a. 黑龙江低额溞夏卵的前期；b. 黑龙江低额溞夏卵的中期；c～d. 黑龙江低额溞夏卵的后期；e～f. 黑龙江低额溞夏卵的末期

图 7　黑龙江低额溞夏卵解剖显微图(×10)

3　讨　论

通过对不同枝角类怀夏卵母体的生长情况及各时期夏卵的发育情况进行比较，可以得出以下几个共同特点：

(1) 尽管枝角类母体在形态上千差万别，但是其夏卵除了大小、生长周期不相同之外，在形态、结构上大同小异。

(2) 一般来说，个体较大的母体生殖周期短，且怀卵量多。同属的溞体在生殖周期和怀卵量方面相差不大：黑龙江低额溞的生殖周期为 65 h，最大怀卵量为 18 个；西伯利亚低额溞的生殖周期为 68 h，最大怀卵量为 15 个。

(3) 对枝角类而言，夏卵普遍具有准备期、间期、前期、中期、后期、末期共 6 个生长发育时期，但其中夏卵生长发育有较明显的变化，且主要有三种阶段的形态：第一阶段，夏卵呈黑色圆形，卵的中间有浅色圆状物质；第二阶段，夏卵呈不规则椭圆状，且基本形成幼体轮廓；第三阶段，夏卵成形，有肢体、复眼，并能在母体内活动。

3.1　枝角类怀卵母体的比较

3.1.1　同属怀卵母体形态特征的比较

通过观察发现，同一溞属中的不同种溞体在生殖、大小、形态特征等方面也有所不同，下面主要比较老年低额溞、西伯利亚低额溞、黑龙江低额溞三者雌性形态特征。

由表 4 可见，同一溞属的怀卵母体体长、体形、额顶都差不多。不同的是低额溞属的吻大多短小，只有黑龙江低额溞的吻较长。低额溞属的尾部大多短而平，只有黑龙江低额溞的尾部比较长且尖。低额溞属的单眼有较大差异：老年低额溞的单眼细而长，呈纺锤形或菱形；西伯利亚低额溞的单眼较小，呈点状或短菱形；而黑龙江低额溞的单眼呈长泪滴状或偏纺锤形。最大怀卵量[12]也相差不大，其中老年低额溞夏卵的最大怀卵量为 30 个，西伯利亚低额溞夏卵的最大怀卵量也为 30 个，黑龙江低额溞夏卵的最大怀卵量为 40 个。

表 4　同属怀卵母体形态特征的比较

物种	老年低额溞	西伯利亚低额溞	黑龙江低额溞
体长/mm	1.74±0.17	1.73±0.17	1.89±0.23
体形	呈宽卵形	呈卵圆形	呈广卵形
额顶	浑圆	浑圆	浑圆
吻	短	短小	长
单眼	细长，呈纺锤形或菱形	点状或短菱形	长泪滴状或偏纺锤形
尾部	短而平	短而平	长而尖
肛刺/个	8～10	10～16	5～8
栉刺/个	无	16～22	无
最大怀卵量/个	30	30	40
文献来源	施心路、史新柏(1996)[12]		

3.1.2　不同属怀卵母体形态特征的比较

由表 5 分析可知，不同溞属的怀卵母体体长、体形、体色、壳刺、肛刺、最大怀卵量等会有较大的差别。

表 5　不同属怀卵母体形态特征的比较

物种	平突船卵溞	老年低额溞
体长/mm	1.13±0.10	1.89±0.23
体形	近乎长方形	呈宽卵形
体色	灰暗或暗褐色	暗绿色或黄褐色
壳刺	短而粗壮	—
肛刺/个	5～6	8～10
最大怀卵量/个	19	30
文献来源	蒋燮治、堵南山(1979)[1]；黄祥飞(1985)[13]	施心路、史新柏(1996)[12]

3.2 枝角类夏卵生长发育的比较

3.2.1 同属夏卵生长发育情况的比较

黑龙江低额溞、西伯利亚低额溞为同属，由表 4 可知，它们的夏卵有以下共同点：夏卵的生长周期、大小、形状、体色的发育情况相差不大。

3.2.2 不同属夏卵生长发育情况的比较

通过比较表 1、表 2 和图 1 发现，西伯利亚低额溞和平突船卵溞的夏卵发育的面积不一样，西伯利亚低额溞夏卵的面积比平突船卵溞夏卵的面积大。它们第一阶段的发育不一样，西伯利亚低额溞第一阶段的夏卵呈黑色圆形（如图 5a 所示），而平突船卵溞第一阶段的夏卵呈黑色长椭圆形（如图 3a 所示）。

3.3 枝角类的生殖量

通过实验得出，平突船卵溞夏卵的最大怀卵量为 6 个，西伯利亚低额溞夏卵的最大怀卵量为 15 个，黑龙江低额溞夏卵的最大怀卵量为 18 个，这与施心路、史新柏所描述的黑龙江低额溞夏卵的最大怀卵量为 40 个、西伯利亚低额溞夏卵的最大怀卵量为 30 个以及黄祥飞对平突船卵溞研究所得的夏卵的最大怀卵量为 19 个的实验结果有较大出入。据相关资料可以推测有以下原因：实验室培养的条件有限，完全在室温下培养，不能合理地控制温度与光照时间；培养溞体的主要食物来源于黔南民族师范学院池塘里的水，而池塘里的水食物种类不丰富，浓度低、水质差，从而引起溞体怀卵量大大减少。

根据郑重[6]、黄祥飞[13]等人的研究，整理出不同溞体的最大体长与最高生殖量关系和不同溞体的不同成龄阶段的怀卵量，见表 6 和表 7。

表 6 不同溞体的最大体长与最高生殖量

序号	种名	最大体长/mm	最高生殖量/个	文献来源
1	圆型弯肠溞	0.50	2.0	郑重（1953、1959）[6,8]；黄祥飞（1985）[13]
2	长额象鼻溞	0.50	7.0	
3	微型裸腹溞	1.04	8.0	
4	网纹溞	1.44	15.0	
5	平突船卵溞	1.12	19.0	
6	直额裸腹溞	1.60	20.0	
7	近亲裸腹溞	1.74	29.0	
8	老年低额溞	3.00	30.0	
9	隆线溞	3.04	43.0	

表 7　不同成龄阶段的怀卵量

种名	成龄阶段	怀卵量/个	文献来源
平突船卵溞	第 6 成龄	7	郑重(1953、1959)[6,8]；黄祥飞(1985)[13]
	第 8 成龄	5	
近亲裸腹溞	第 3 成龄	18	
	第 4 成龄	10	
透明溞	第 7 成龄	8	
	第 8 成龄	12	
	第 12 成龄	29	
	第 16 成龄	25	
隆线溞亚种	第 5 成龄	12	
	第 6 成龄	7	
	第 7 成龄	30	
	第 13 成龄	14	
	第 15 成龄	28	

图 8 中的序号分别表示：1 代表圆型廻肠溞，2 代表长额象鼻溞，3 代表微型裸腹溞，4 代表网纹溞，5 代表平突船卵溞，6 代表直额裸腹溞，7 代表近亲裸腹溞，8 代表老年低额溞，9 代表隆线溞。

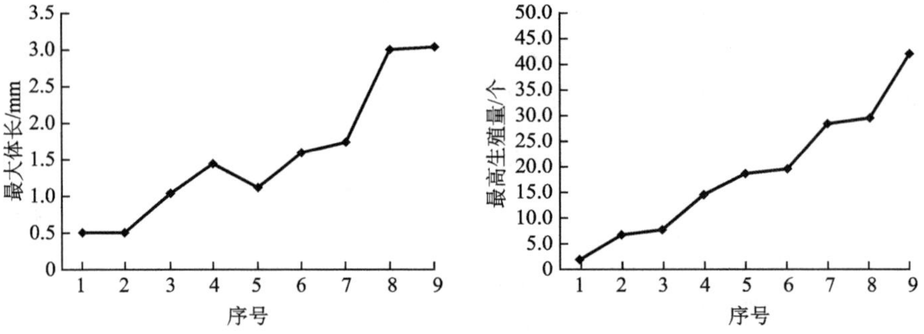

图 8　不同溞体的最大体长和最高生殖量的关系图

由表 6 和图 8 可得，不同溞体的最大体长与最高生殖量的关系呈正相关。由表 7 和图 8 可见，枝角类的生殖量(孤雌生殖)与溞属物种的体长、不同的成龄阶段及外界因子有关。一般情况下，枝角类生殖量达到高峰前，生殖量随龄数的增加而增加，但到高峰后，生殖量与龄数成反比。

4　结　论

枝角类的夏卵因怀卵量大、生殖周期短、蛋白质丰富、适口性好，是养殖鱼类良好的饵料。在了解枝角类卵的生长发育史后，可以在养殖枝角类时有效控制外界影响因子，使枝角类一直进行孤雌生殖，以获得最大的经济效益和社会效益。本次实验研究只对影响枝角类夏卵的生长发育的外界因素进行了研究论述，有关影响枝角类夏卵的生长发育的内部因素还有待进一步进行实验研究。

参考文献

[1] 蒋燮治，堵南山. 中国动物志•淡水枝角类[M]. 北京：科学出版社，1979.

[2] 卢亚芳. 枝角类在水产养殖中的应用[J]. 台湾海峡，2001(S1)：69-75.

[3] 沈韫芬，蒋燮治. 从浮游动物评价水体自然净化的效能[J]. 海洋与湖沼，1979(2)：161-173.

[4] 管卫兵，陆锋，许维岸，等. 大型枝角类引导的沉水植物生态修复对太湖围隔水质的净化效果[J]. 湖南农业科学，2012(5)：56-60.

[5] 董旭峰，宋祥甫，周文宗，等. 角突网纹溞和蚤状溞作为泥鳅开口饵料的可行性研究[J]. 淡水渔业，2014，44(5)：78-94.

[6] 郑重. 淡水枝角类的生殖[J]. 动物学杂志，1959(1)：22-28.

[7] 堵南山，赖伟，邓雪怀. 两种淡水枝角类生殖量的季节变化[J]. 海洋与湖沼，1964(4)：409-422.

[8] 郑重. 温度对于淡水枝角水蚤(*Daphnia pulex*)生殖的影响[J]. 厦门大学学报(自然科学版)，1953(1)：29-36.

[9] 杨四秀. 枝角类繁殖生物学研究概况[J]. 水利渔业，2004(4)：12-22.

[10] 孟琼，邓道贵. 枝角类休眠卵形成和萌发的研究进展[J]. 动物学杂志，2008(3)：154-160.

[11] 堵南山. 枝角类的繁殖和世代交替[J]. 生物学教学，1960(5)：4-7.

[12] 施心路，史新柏. 黑龙江省低额溞属的种类及分布(鳃足纲：双甲目)[J]. 动物分类学报，1996(3)：263-386.

[13] 黄祥飞. 三种淡水枝角类生物学的研究[J]. 海洋与湖沼，1985(3)：188-195.

[14] 郑重. 甲壳动物的生殖量与环境关系Ⅰ. 枝角类[J]. 生态学杂志，1990(5)：38-43.

[15] Fries G. Über die Einwirkung der Tagesperiodik und der Temperature auf den Generationswechsel, die Weibchengrösse und die Eier von *Daphnia Magna* Straus[J]. Zeitschrift Für Morphologie Und Ökologie Der Tiere，1964，53(5)：475-516.

[16] Innes D J. Sexual reproduction of *Daphnia pulex* in a temporary habitat[J]. Oecologia，1997，111(1)：53-60.

不同食品添加剂对枝角类毒性的研究

前　言

枝角类通常称为红虫，隶属于节肢动物门甲壳纲腮足亚纲的枝角目。[1]枝角类是生活在淡水中的微型浮游生物，主要生活在水流较缓的湖泊、小溪、河流中，或者小池塘中，一般静水水域中都能发现它们的踪迹。枝角类是水域动物生态系统中的重要组成部分[2]，它们富含脂肪、蛋白质和多种维生素，可以进行人工养殖，并作为鱼类的饵料[3]。它们体型较小，繁殖快，生长十分迅速。[4]枝角类的生殖包括孤雌生殖和两性生殖。枝角类的生长受环境因子，如温度、食物、光照强度、pH 及水质等的影响，特别是水质的好坏及各种元素的含量等都对枝角类的生长有较大影响。柳毅利用 pH 为 7.84～8.31、温度为 20～25 ℃、浓度为 0.01 mg/L 的敌百虫溶液对多刺裸腹溞进行 48 h 实验，发现其死亡率达到 100%，0.01 mg/L 的敌百虫溶液可以杀灭其他大型枝角类。[5]

目前，经济发展迅速，工业发达，人们生活水平也在不断提高，而人们对环境保护的意识还较弱，从而导致大量的河流、小溪、水沟、池塘、湖泊受到严重污染。其中就有一部分食品加工厂将含有大量食品添加剂的工业废水直接排放到附近水域中，人们的生活废水也不加处理直接排放在河流中，这对生活在水中的枝角类有很大影响。如某一水域环境突然引起水质恶化，枝角类种群会逐渐消失，最后死亡，仅剩休眠卵。[6]

本文以枝角类为实验动物，通过枝角类在食品添加剂中生长生殖的实验得出枝角类生长生殖的食品添加剂的安全浓度，在安全浓度下进行培养和观察，了解枝角类的生长情况，从而研究不同食品添加剂对枝角类的毒性及生长的影响。

1　实验材料

1.1　采集工具

广口瓶、收集瓶、浮游生物网等。

1.2 实验仪器

烧杯、培养皿、15 mL 玻璃瓶、吸管、荧光显微镜、载玻片、玻璃棒等。

1.3 实验药品

碳酸氢钠溶液、亚硝酸钠溶液、赖氨酸溶液等。

1.4 实验用水

用经过过滤的黔南民族师范学院校内人工湖水培养枝角类，用蒸馏水配制试剂。

1.5 样品采集

采集的样品来源于黔南民族师范学院校内人工湖旁边小池塘内的老年低额溞和帝景豪园后面的一个小池塘里的蚤状溞。

采集过程：在离池塘边约 50 cm 远、深约 1 m 处用浮游生物网来回过滤；将采集的生物样品放入盛有少量池塘水的广口瓶里，此过程重复几次；然后再将广口瓶中的样品移入收集瓶里。

1.6 样品处理

将收集瓶中的枝角类移入培养皿中，在显微镜下，用吸管挑选出生命力旺盛、怀卵量较多的母体放入烧杯中进行培养，并滴加两滴小球藻。待其产下幼体后将子二代作为实验材料。

2 实验方法及步骤

2.1 实验方法

本实验分为两个阶段：第一阶段是急性实验，第二阶段是慢性实验。急性实验的目的是找出食品添加剂对枝角类生长的半致死浓度（LC_{50}）和安全浓度，为慢性实验的培养提供理论依据。急性实验中采用了概率法，在整个实验过程中，运用了平行试验方法。

2.1.1 概率法

用由同一枝角类母体所产出的 1 d 龄幼体，研究食品添加剂在同一时间内、一定浓度梯度下对枝角类的致死率为 50% 的概率。实验时间一般为 24 h、48 h，分别找出这两个时间段枝角类 50% 致死率的对应浓度（LC_{50}），通过公式计算出其安全浓度。[7]

2.1.2 平行试验法

在实验过程中，为确保实验结果的准确性，设置了实验组和空白对照组进行平行比较，且每个实验组有多个空白对照组。

2.2 实验步骤

2.2.1 急性实验

(1) 在一个较大的浓度范围之内以连续稀释的方法配制不同浓度的食品添加剂溶液，每种食品添加剂设定6个浓度组，见表1。

表1 各食品添加剂各浓度组设置情况

物种	试剂	浓度组/(mol·L^{-1})					
老年低额溞	碳酸氢钠	TL1	TL2	TL3	TL4	TL5	TL6
	亚硝酸钠	YL1	YL2	YL3	YL4	YL5	YL6
	赖氨酸	LL1	LL2	LL3	LL4	LL5	LL6
蚤状溞	碳酸氢钠	TZ1	TZ2	TZ3	TZ4	TZ5	TZ6
	亚硝酸钠	YZ1	YZ2	YZ3	YZ4	YZ5	YZ6
	赖氨酸	LZ1	LZ2	LZ3	LZ4	LZ5	LZ6

(2) 挑选出活泼、健康的老年低额溞幼体和蚤状溞幼体各180只，并按实验设计要求每个浓度组放10只受试样品。

(3) 分别在实验后24 h和48 h，观察并记录老年低额溞和蚤状溞在各食品添加剂溶液中的死亡个数，寻找半致死浓度(LC_{50})。

(4) 通过实验得到半致死浓度，计算老年低额溞和蚤状溞在不同食品添加剂溶液中的安全浓度。

2.2.2 慢性实验

(1) 通过急性实验得到两种枝角类适应的各食品添加剂的安全浓度，并配制好溶液，做不同食品添加剂对两种枝角类生长影响的平行试验，每种食品添加剂设置6个相同浓度的实验组(每组单只培养)和1个空白对照组，见表2。

表2 各实验组情况

试剂	实验组						对照组
碳酸氢钠	T1	T2	T3	T4	T5	T6	DT1
亚硝酸钠	Y1	Y2	Y3	Y4	Y5	Y6	DY1
赖氨酸	L1	L2	L3	L4	L5	L6	DL1

(2) 挑选活泼、健康的两种枝角类幼体分别放入装有不同食品添加剂溶液和蒸馏水(对照组)的15 mL的敞口玻璃瓶内，瓶内液体均为10 mL。培养时向每个玻璃瓶滴加两滴小球藻，为枝角类提供食物。

(3) 培养时每组枝角类的原始体长用显微镜测微尺测量并记录下来,以后每天在同一时间测量枝角类的体长,观察其是否蜕壳、怀卵时间及怀卵量,并将所观察到的数据记录下来。

(4) 隔一天换一次水,并滴加 2 滴小球藻,确保老年低额溞能在食物充足的情况下生长。

(5) 当培养到最后一组枝角类死亡时,停止记录。如果在培养过程中,未达到 3 d 死亡的,需重新实验,结果相同则可以停止记录;如 3 d 及以上死亡的,则继续实验。最后,整理所得实验数据,并进行分析。

3 结 果

3.1 急性实验结果

由急性实验得到老年低额溞在碳酸氢钠溶液和亚硝酸钠溶液中的 24 h、48 h 的半致死浓度和安全浓度,见表 3。老年低额溞在碳酸氢钠溶液中的 24 h 和 48 h 的半致死浓度分别为 0.02 mol/L 和 0.01 mol/L,安全浓度为 0.000 75 mol/L;在亚硝酸钠溶液中 24 h 和 48 h 的半致死浓度分别为 0.000 7 mol/L 和 0.000 4 mol/L,安全浓度为 0.000 392 mol/L。由急性实验得出蚤状溞在碳酸氢钠溶液和赖氨酸溶液中的 24 h、48 h 的半致死浓度和安全浓度见表 4。由表 4 可知,蚤状溞在碳酸氢钠溶液中 24 h 和 48 h 的半致死浓度分别为 0.05 mol/L 和 0.02 mol/L,安全浓度为 0.000 96 mol/L;在亚硝酸钠溶液中 24 h 和 48 h 的半致死浓度分别为 0.004 mol/L 和 0.002 mol/L,安全浓度为 0.001 5 mol/L。通过表 3 和表 4 还可以看出,老年低额溞在碳酸氢钠溶液中的安全浓度大于在亚硝酸钠溶液中的安全浓度,说明碳酸氢钠对老年低额溞的毒性比亚硝酸钠的弱;蚤状溞在赖氨酸溶液中的安全浓度大于在碳酸氢钠溶液中的安全浓度,说明赖氨酸对蚤状溞的毒性比碳酸氢钠的弱;在碳酸氢钠溶液中两种枝角类的安全浓度有所区别,可以看出老年低额溞在碳酸氢钠溶液中的安全浓度小于蚤状溞在碳酸氢钠溶液中的安全浓度,说明碳酸氢钠对老年低额溞的毒性比对蚤状溞的毒性强。

表 3 老年低额溞在碳酸氢钠、亚硝酸钠溶液中的半致死浓度、安全浓度

试剂	时间/h	半致死浓度/($mol \cdot L^{-1}$)	安全浓度/($mol \cdot L^{-1}$)
碳酸氢钠	24	0.02	0.000 75
	48	0.01	
亚硝酸钠	24	0.000 7	0.000 392
	48	0.000 4	

表 4 蚤状溞在碳酸氢钠、赖氨酸溶液中的半致死浓度、安全浓度

试剂	时间/h	半致死浓度/(mol·L^{-1})	安全浓度/(mol·L^{-1})
碳酸氢钠	24	0.05	0.000 96
	48	0.02	
赖氨酸	24	0.004	0.001 5
	48	0.002	

3.2 慢性实验结果

因为该实验是从 9 月份开始进行，多数枝角类因为季节变化及环境条件较差等原因而消失，尚有老年低额溞还可以采到并用于实验。老年低额溞在浓度均为 0.000 75 mol/L 的碳酸氢钠溶液中各组体长增长情况见表 5。在 T1 中，老年低额溞生存了 8 d，最终体长为 1.000 mm。在 T2 中，老年低额溞生存了 9 d，最终体长为 0.925 mm。在 T3 中，老年低额溞生存了 13 d，最终体长为 1.200 mm。在 T4 中，老年低额溞生存了 38 d，最终体长为 1.875 mm。在 T5 中，老年低额溞生存了 12 d，最终体长为 1.475 mm。在 T6 中，老年低额溞生存了 11 d，最终体长为 1.250 mm。在 DT1 中，老年低额溞生存了 41 d，最终体长为 1.750 mm。老年低额溞在浓度为 0.000 392 mol/L 的亚硝酸钠溶液中各组体长增长情况见表 6。在 Y1 中，老年低额溞生存了 2 d，最终体长为 0.875 mm。在 Y2 中，老年低额溞生存了 41 d，最终体长为 1.750 mm。在 Y3 中，老年低额溞生存了 41 d，最终体长为 1.875 mm。在 Y4 中，老年低额溞生存了 41 d，最终体长为 1.750 mm。在 Y5 中，老年低额溞生存了 4 d，最终体长为 0.800 mm。在 Y6 中，老年低额溞生存了 41 d，最终体长为 1.875 mm。在 DY1 中，老年低额溞生存天数待续。通过表 5 和表 6 的数据还可以看出，在两种溶液中老年低额溞每日体长增长值在前期相差不大，在后期有明显差别，在亚硝酸钠溶液中中期及后期每日体长增长值要小于在碳酸氢钠溶液和对照组中每日体长增长值。

表 5 老年低额溞在浓度为 0.000 75 mol/L 的碳酸氢钠溶液中的体长增长情况

天数/d	实验组							对照组
	T1	T2	T3	T4	T5	T6	平均	DT1
初始	0.575	0.625	0.600	0.625	0.625	0.625	0.613	0.600
1	0.575	0.700	0.675	0.750	0.750	0.700	0.692	0.725
2	0.700	0.725	0.725	0.775	0.725	0.75	0.733	0.725
3	0.700	0.850	0.875	1.000	0.875	0.875	0.863	0.875
4	0.825	0.850	0.875	1.025	0.875	0.875	0.888	0.875
5	0.825	0.850	0.925	1.100	0.925	0.875	0.917	0.875
6	0.850	0.875	1.075	1.125	1.125	1.050	1.017	1.050

续表

天数/d	实验组							对照组
	T1	T2	T3	T4	T5	T6	平均	DT1
7	1.000	0.925	1.125	1.250	1.125	1.125	1.092	1.125
8	1.000	0.925	1.125	1.325	1.375	1.250	1.167	1.250
9	—	0.925	1.125	1.425	1.375	1.250	1.220	1.250
10	—	—	1.125	1.425	1.375	1.250	1.294	1.450
11	—	—	1.125	1.425	1.450	1.250	1.313	1.450
12	—	—	1.175	1.425	1.475	—	1.358	1.425
13	—	—	1.200	1.475	—	—	1.338	1.450
14	—	—	—	1.475	—	—	1.475	1.450
16	—	—	—	1.500	—	—	1.500	1.625
19	—	—	—	1.625	—	—	1.625	1.625
23	—	—	—	1.700	—	—	1.700	1.650
28	—	—	—	1.750	—	—	1.750	1.750
38	—	—	—	1.875	—	—	1.875	1.750

表 6　老年低额溞在浓度为 0.000 392 mol/L 的亚硝酸钠溶液中的体长增长数据表

天数/d	实验组							对照组
	Y1	Y2	Y3	Y4	Y5	Y6	平均	DY1
初始	0.625	0.650	0.650	0.650	0.625	0.625	0.638	0.600
1	0.875	0.650	0.650	0.650	0.675	0.675	0.696	0.725
2	0.875	0.750	0.800	0.650	0.675	0.750	0.750	0.725
3	—	0.775	0.825	0.825	0.750	0.750	0.785	0.875
4	—	0.775	1.000	0.825	0.800	0.750	0.830	0.875
7	—	0.875	1.000	1.000	—	0.875	0.938	1.125
11	—	1.075	1.250	1.250	—	1.125	1.175	1.450
14	—	1.325	1.375	1.250	—	1.250	1.300	1.450
20	—	1.325	1.375	1.250	—	1.250	1.300	1.625
23	—	1.425	1.500	1.500	—	1.525	1.488	1.650
26	—	1.500	1.500	1.625	—	1.625	1.563	1.750
29	—	1.625	1.575	1.625	—	1.675	1.625	1.750
30	—	1.550	1.625	1.625	—	1.750	1.638	1.750
33	—	1.625	1.750	1.625	—	1.750	1.688	1.750
36	—	1.675	1.750	1.625	—	1.750	1.700	1.750

续表

天数/d	实验组							对照组
	Y1	Y2	Y3	Y4	Y5	Y6	平均	DY1
37	—	1.700	1.750	1.700	—	1.750	1.725	1.750
38	—	1.750	1.825	1.700	—	1.775	1.763	1.750
39	—	1.750	1.875	1.750	—	1.825	1.800	1.750
41	—	1.750	1.875	1.750	—	1.875	1.813	待续

由表 7 可知，老年低额溞在碳酸氢钠溶液中怀卵 5 次，最大怀卵量是 4 个，总怀卵量为 13 个；在亚硝酸钠溶液中怀卵 6 次，最大怀卵量是 8 个，总怀卵量为 26 个；老年低额溞在碳酸氢钠溶液和亚硝酸钠溶液中的平均怀卵量分别为 3 个和 4 个。在对照组中怀卵 6 次，最大怀卵量是 8 个，总怀卵量为 29 个。

表 7　老年低额溞在碳酸氢钠溶液、亚硝酸钠溶液中怀卵情况

怀卵次数/次	怀卵个数/个		
	碳酸氢钠溶液	亚硝酸钠溶液	对照组
1	2	2	3
2	4	3	8
3	2	3	3
4	2	8	3
5	3	2	4
6	—	8	8
平均	3	4	5

4　讨论与结论

4.1　实验讨论

通过急性实验结果(表 3 和表 4)可以看出，老年低额溞在碳酸氢钠溶液中的安全浓度大于在亚硝酸钠溶液中的安全浓度，蚤状溞在赖氨酸溶液中的安全浓度大于在碳酸氢钠溶液中的安全浓度。通过分析说明碳酸氢钠对老年低额溞的毒性比亚硝酸钠的弱，碳酸氢钠对蚤状溞的毒性比赖氨酸的强。由此可见，不同食品添加剂对同一种枝角类的毒性完全不同。通过对两种枝角类在碳酸氢钠溶液中的安全浓度进行对比，老年低额溞在碳酸氢钠溶液中的安全浓度小于蚤状溞在碳酸氢钠溶液中的安全浓度，说明碳酸氢钠对老年低额溞的毒性比对蚤状溞的毒性强。由此说明，相同食品添加剂对不同种枝角类的毒性也完全不同。

在实验过程中，温度的差异、生长因子的改变及食物提供不足等原因往往会使得每一个实验组的结果有所不同。在慢性实验中设置对照组是为了与在两种食品添加剂溶液中生长的老年低额溞的生长情况有一个合理的比较。在参考对照组的情况及对比相关参考文献数据时发现，通常情况下老年低额溞最大怀卵量是 30 个，累计怀卵量是 194 个（25 ℃）[8]，对照组中的老年低额溞怀卵量情况与之比较并不吻合，因此，在分析怀卵量情况时以此结果作为参考。在慢性实验中，由表 5、表 6 或图 1 可以知道：老年低额溞在碳酸氢钠溶液中的最长寿命为 38 d，最大体长为 1.875 mm；在亚硝酸钠溶液中的最长寿命为 41 d，最大体长为 1.875 mm。通过研究参考文献发现，在正常情况下老年低额溞的体长是 1.87 mm，寿命是 41.46 d。[8] 通过比较发现，碳酸氢钠溶液和亚硝酸钠溶液对老年低额溞的体长和寿命的影响不大。由图 1 可以看出，老年低额溞在碳酸氢钠溶液中的体长增长斜率比在亚硝酸钠溶液及对照组中的大，说明老年低额溞在碳酸氢钠溶液中体长增长速率比在亚硝酸钠溶液及对照组中的快。

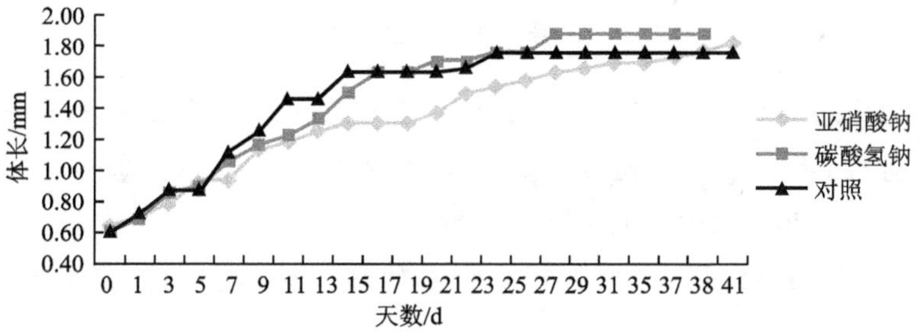

图 1　老年低额溞在两种溶液中体长增值曲线图

结合表 7 和图 2 可以看出，老年低额溞在碳酸氢钠溶液中的怀卵量比在亚硝酸钠溶液及对照组中的少，在亚硝酸钠溶液中的怀卵量与对照组中的怀卵量相差不大。但是，通过参考相关文献数据可以发现，老年低额溞在碳酸氢钠和亚硝酸钠溶液中的怀卵量远远小于自然状态下的怀卵量。说明碳酸氢钠、亚硝酸钠溶液对老年低额溞怀卵量的多少有一定抑制作用。由此可以得出，这两种食品添加剂对老年低额溞生殖有着一定的影响。

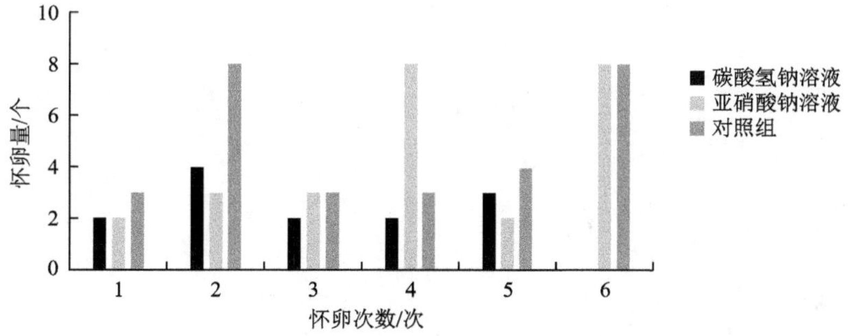

图 2　老年低额溞在碳酸氢钠溶液和亚硝酸钠溶液中怀卵情况柱形图

总体分析，老年低额溞在两种食品添加剂溶液中能够生存的时间相差不大，但是，在体长增长速率上老年低额溞在碳酸氢钠溶液中比在亚硝酸钠溶液及对照组中的快。每日体长增长值在碳酸氢钠溶液中也比在亚硝酸钠及对照组中的大，在两种食品添加剂溶液中其怀卵量偏低。

4.2 实验结论

不同食品添加剂溶液对同一种枝角类的毒性完全不同，碳酸氢钠对老年低额溞的毒性比亚硝酸钠的弱，碳酸氢钠对蚤状溞的毒性比赖氨酸的强；相同食品添加剂溶液对不同种枝角类的毒性也完全不同，碳酸氢钠对老年低额溞的毒性比对蚤状溞的毒性强。

在慢性实验中，两种食品添加剂对老年低额溞的生存时间及最终体长并无太大影响，两种食品添加剂溶液对其怀卵量有一定的抑制作用。

参考文献

[1] 蒋燮治，堵南山. 中国动物志·淡水枝角类[M]. 北京：科学出版社，1979.

[2] 邓道贵，孟琼，毛开云，等. 温度和种间竞争对大型溞种群动态和两性生殖的影响[J]. 生态学报，2009，29(12)：6 351-6 358.

[3] 刘占峰，王茜，王兰，等. 洗衣粉对水生动物的毒性研究[J]. 安徽农业科学，2007(11)：3 324-3 325.

[4] 陈书华. 枝角类的培养及利用[J]. 河北渔业，2003(4)：43-44.

[5] 柳毅. 敌百虫对枝角类的急性毒性研究[J]. 黑龙江环境通报，2012，36(3)：49-51.

[6] 李明德. 怎样利用轮虫及枝角类评价污染[J]. 海洋湖沼通报，1986(2)：30-38

[7] 周永欣，章宗涉. 水生生物毒性试验方法[M]. 北京：农业出版社，1989.

[8] 郑重. 淡水枝角类的生殖[J]. 厦门大学学报，1954(4)：83-91.

不同食品添加剂对枝角类生长的影响

前　言

枝角类，又名水溞，俗称红虫，属于节肢动物门甲壳纲鳃足亚纲的枝角目。[1]枝角类适应环境的能力较强，生长比较迅速，繁殖能力也较强，其休眠卵可以直接萌发并繁殖。[2]枝角类还是水生生物食物链中重要的一环，富含多种维生素、脂肪和蛋白质，可以进行人工养殖，可作为鱼类的天然饵料，加快鱼类的生长。[3]同时，枝角类生物采用滤食性的摄食方式，以水中的有机碎屑、藻类、细菌等为食[4]，这使其在自然条件下具有一定的净化水质及限制藻类滋生的能力[5]。枝角类种类组成、数量变动的特征可反映水质的好坏，其还对毒性物质的反应非常敏感，是水体污染和毒理研究的最佳实验指示生物。[6]枝角类在水质测试技术、渔业等科学研究领域被广泛作为研究对象，其中，水质测试技术在农药的毒性评估以及工业废渣、混合污水、化学毒品检测上等被广泛应用。[7-8]

各类食品添加剂被广泛使用在日常生活及各类食品生产中。根据我国食品卫生法，食品添加剂是指为改善食品品质和色、香、味及防腐、保鲜和加工工艺需要而加入食品的人工合成物质或天然物质。食品添加剂有多个类别，包括甜味剂、酸度调节剂、防腐剂、香料等。食品添加剂在其他领域中研究甚多，如食品安全与监管、化学工业及技术、毒性研究等领域。而研究食品添加剂对枝角类生长的影响相对较少，因此，本实验在此背景下，在枝角类其他生长因素可控的条件下，进行食品添加剂对枝角类生长生殖的影响研究。

1　材料与方法

1.1　实验材料

1.1.1　实验生物

本实验所选用的实验材料为两种枝角类：西伯利亚低额溞和长刺溞，分别采集于贵州省都匀市内的黔南民族职业技术学院内湖泊和电信集团都匀公司旁的剑江河。

1.1.2 实验溶液

选用碳酸氢钠、亚硝酸钠、柠檬酸和 L-赖氨酸作为实验溶液。其中,柠檬酸因其酸性不适于在偏碱性或中性水生环境中生存的枝角类的生存(预实验所得),在随后的实验过程中换为 L-赖氨酸。

1.2 实验方法与步骤

1.2.1 实验方法

实验过程分为两个阶段:第一阶段为预实验,第二阶段为培养实验。预实验借鉴并采用了毒理学研究常用的两种方法中的急性实验方法[9],找出食品添加剂对枝角类生长的安全浓度,为培养实验打下基础。急性实验中又采用了概率法,在整个实验过程中,又运用了平行试验法。

1.2.1.1 概率法

用由同一枝角类母体所产出的后代幼体,研究一定时间内一定浓度下食品添加剂溶液对枝角类的致死率,即寻找死亡 50%的概率,进行急性毒理实验,得出半致死浓度。实验时间一般为 24 h,48 h,分别找出这两个时间段枝角类 50%致死率的对应浓度(LC_{50}),通过公式计算出其安全受试浓度。

1.2.1.2 平行试验法

在实验过程中,为确保实验结果的准确性,设置了实验组和空白对照组进行平行比较,且每个实验组有多个空白对照组。

1.2.2 实验步骤

1.2.2.1 实验生物准备

将在野外采集的枝角类样品带回实验室,将所需两种枝角类中怀卵较多的母体分离出来,分别培养于原采集地的过滤水样中。培养一段时间后,待其生下幼体,用一日龄幼体作为实验样品,并用小球藻作为枝角类的营养供给。两个实验阶段母体的培养方式相同。

实验阶段不同,需要的枝角类数量也不同。在急性实验阶段按照实验的需求,西伯利亚低额溞一日龄幼体和长刺溞一日龄幼体数量较多;在慢性实验阶段,选用西伯利亚低额溞 30 只幼体。

试剂溶液的准备是保证枝角类在其生长所需的酸碱度范围内的关键环节。将各食品添加剂的溶液浓度选在较大的浓度范围之内,先配制浓度为 0.1 mol/L(其中,L-赖氨酸母液浓度为 0.01 mol/L)的母液备用,以连续稀释的方法稀释母液并设定 6 个浓度。

1.2.2.2 预实验步骤

(1) 取 6 个 15 mL 的敞口玻璃瓶,分别在每个玻璃瓶内加入不同浓度的试剂和 10 只一日龄水溞幼体。

重复上述步骤，按相同方法分别做其他几种食品添加剂对应两种枝角类样品的实验组，表 1 以西伯利亚低额溞为例说明了各实验组情况。

表 1　各实验组设计情况

溶液	浓度					
碳酸氢钠溶液	T1	T2	T3	T4	T5	T6
亚硝酸钠溶液	Y1	Y2	Y3	Y4	Y5	Y6
L-赖氨酸溶液	L1	L2	L3	L4	L5	L6

(2) 在实验开始后观察并记录 24 h，48 h 每一种试剂浓度内致死率，并做出相应调整，直至找出半致死率对应试剂的浓度。

(3) 将观察所得数据进行计算，得出安全受试浓度，计算公式为：

安全浓度[10] $=(0.3\times 48\ \mathrm{h}\ LC_{50})/(24\ \mathrm{h}\ LC_{50}/48\ \mathrm{h}\ LC_{50})^2$

1.2.2.3　培养实验步骤

通过预实验阶段所得结果计算出两种枝角类适应各食品添加剂溶液的安全浓度，并配制好试剂溶液，分别做不同的食品添加剂的平行试验。枝角类对应每一种食品添加剂各设置了 7 个平行试验组（每种试剂每组浓度相同）和 1 个空白对照组（表 2），这样设计是为了可以使数据更加具有普遍性及说服力。

表 2　各实验组情况

溶液	实验组							对照组
碳酸氢钠溶液	T1	T2	T3	T4	T5	T6	T7	KT1
亚硝酸钠溶液	Y1	Y2	Y3	Y4	Y5	Y6	Y7	KY1
L-赖氨酸溶液	L1	L2	L3	L4	L5	L6	L7	KL1

(1) 取 7 个 15 mL 的玻璃瓶（每瓶每只单独培养），其中 7 瓶加入食品添加剂溶液（每种试剂每组浓度相同），1 瓶加入蒸馏水。

(2) 每瓶放入受试枝角类幼体，每瓶所加溶液为 10 mL。

(3) 在受试枝角类样品放进玻璃瓶之前，需测量好每一组受试枝角类样品的初始体长，然后放置于实验室窗户旁，保持通风，每隔一天换一次试剂溶液，试剂溶液的体积依然为 10 mL。

(4) 从枝角类样品受试开始每天需观察一次各实验组枝角类的生长情况，并记录各组枝角类的体长，是否蜕壳，开始怀卵、生产的时间，以及其生殖量。

(5) 培养到每组枝角类存活时间超过 3 d 及以上，死亡后便停止记录；如未达到 3 d，则重新补充材料重新实验，并多次重复。当培养到最后一只死亡后，停止数据的记录。

2 结　果

2.1 预实验结果

在实验过程中，因多次重复实验无法确定碳酸氢钠溶液对西伯利亚低额溞的半致死浓度和L-赖氨酸溶液对长刺溞的半致死浓度，所以取消了随后的实验。而其他两种食品添加剂溶液对西伯利亚低额溞和长刺溞的半致死浓度和安全浓度见表3和表4。西伯利亚低额溞在L-赖氨酸溶液中，24 h的半致死浓度为0.001 mol/L，48 h的半致死浓度为0.000 7 mol/L，其安全浓度为0.000 109 2 mol/L；在亚硝酸钠溶液中，24 h的半致死浓度为0.000 8 mol/L，48 h的半致死浓度为0.000 3 mol/L，其安全浓度为0.000 033 75 mol/L。长刺溞在碳酸氢钠溶液中，24 h的半致死浓度为0.009 mol/L，48 h的半致死浓度为0.007 mol/L，其安全浓度为0.000 075 mol/L；在亚硝酸钠溶液中，24 h的半致死浓度为0.000 7 mol/L，48 h的半致死浓度为0.000 5 mol/L，其安全浓度为0.000 076 53 mol/L。

表3　两种食品添加剂溶液对西伯利亚低额溞的半致死浓度和安全浓度

溶液	时间/h	半致死浓度/($mol \cdot L^{-1}$)	安全浓度/($mol \cdot L^{-1}$)
L-赖氨酸溶液	24	0.001	0.000 109 2
	48	0.000 7	
亚硝酸钠溶液	24	0.000 8	0.000 033 75
	48	0.000 3	

表4　两种食品添加剂溶液对长刺溞的半致死浓度和安全浓度

溶液	时间/h	半致死浓度/($mol \cdot L^{-1}$)	安全浓度/($mol \cdot L^{-1}$)
碳酸氢钠溶液	24	0.009	0.000 075
	48	0.007	
亚硝酸钠溶液	24	0.000 7	0.000 076 53
	48	0.000 5	

通过数据(表3和表4)可以看出，西伯利亚低额溞和长刺溞在受试的两种食品添加剂中半致死浓度和安全浓度有所不同，说明受试的两种食品添加剂对西伯利亚低额溞和长刺溞的毒性是不同的。通过数据(表3和表4)还可以看出，在亚硝酸钠溶液中，西伯利亚低额溞和长刺溞的半致死浓度和安全浓度完全不同，说明相同的亚硝酸钠溶液对这两种枝角类的毒性完全不同。

2.2 培养实验结果

因为实验阶段是在秋、冬两季进行，多数枝角类因为环境条件较差等原因而消失，但尚有西伯利亚低额溞还可以采集到并用于实验。西伯利亚低额溞在浓度均为0.000 109 2 mol/L的L-赖氨酸溶液中各组体长增长情况见表5。在L1中,西伯利亚低额溞生存了23 d,最终体长为1.750 mm;在L2中,西伯利亚低额溞生存了14 d,最终体长为0.925 mm;在L3中,西伯利亚低额溞生存了8 d,最终体长为1.175 mm;在L4中,西伯利亚低额溞生存了8 d,最终体长为1.000 mm;在L5中,西伯利亚低额溞生存了22 d,最终体长为1.625 mm;在L6中,西伯利亚低额溞生存了11 d,最终体长为1.500 mm;在L7中,西伯利亚低额溞生存了17 d,最终体长为1.500 mm;在对照组中,西伯利亚低额溞生存时间及最终体长详见表6。

西伯利亚低额溞在浓度均为0.000 033 75 mol/L的亚硝酸钠溶液中各组体长增长情况见表6和表7。在Y1中,西伯利亚低额溞生存了7 d,最终体长为0.650 mm;在Y2中,西伯利亚低额溞生存了4 d,最终体长为0.675 mm;在Y3中,西伯利亚低额溞生存了6 d,最终体长为0.700 mm;在Y4中,西伯利亚低额溞生存了43 d,最终体长为1.875 mm;在Y5和Y6中,西伯利亚低额溞均生长了2 d,最终体长分别为0.625 mm和0.725 mm;在Y7中,西伯利亚低额溞生存了4 d,最终体长为0.650 mm;在对照组中,西伯利亚低额溞生存天数超过了43 d,最终体长为1.750 mm。

通过表5和表6可以得出,7个实验组在相同试剂溶液浓度中,其生长的情况如寿命、最终体长有长有短,并不相同。

表5　西伯利亚低额溞在浓度均为0.000 109 2 mol/L的L-赖氨酸溶液中体长增长情况

天数/d	实验组/mm								对照组/mm
	L1	L2	L3	L4	L5	L6	L7	平均体长	
初始	0.625	0.575	0.625	0.625	0.600	0.625	0.600	0.611	0.625
1	0.725	0.625	0.700	0.625	0.700	0.700	0.675	0.679	0.675
2	0.775	0.650	0.750	0.725	0.700	0.875	0.700	0.739	0.675
3	0.775	0.700	0.775	0.725	0.750	0.875	0.700	0.757	0.725
4	0.875	0.700	0.825	0.875	0.875	1.000	0.825	0.854	0.725
5	1.000	0.775	0.900	0.875	0.950	1.075	0.975	0.936	0.825
6	1.125	0.850	1.000	0.950	1.125	1.125	0.975	1.021	0.875
7	1.125	0.850	1.000	1.000	1.175	1.125	1.125	1.057	1.100
8	1.250	0.875	1.175	1.000	1.250	1.250	1.325	1.161	1.100
9	1.250	0.925	—	—	1.375	1.400	1.325	1.255	1.100
10	1.250	0.925	—	—	1.375	1.400	1.325	1.255	1.200
11	1.325	0.925	—	—	1.500	1.500	1.450	1.340	1.250
12	1.425	0.925	—	—	1.500	—	1.500	1.338	1.250
13	1.500	0.925	—	—	1.500	—	1.500	1.356	1.250

续表

天数/d	实验组/mm								对照组/mm
	L1	L2	L3	L4	L5	L6	L7	平均体长	
14	1.500	0.925	—	—	1.500	—	1.500	1.356	1.325
15	1.575	—	—	—	1.500	—	1.500	1.525	1.325
16	1.625	—	—	—	1.500	—	1.500	1.542	1.325
17	1.625	—	—	—	1.550	—	1.500	1.558	1.325
18	1.625	—	—	—	1.550	—	—	1.588	1.325
19	1.700	—	—	—	1.625	—	—	1.663	1.375
20	1.700	—	—	—	1.625	—	—	1.663	1.375
21	1.750	—	—	—	1.625	—	—	1.688	1.500
22	1.750	—	—	—	1.625	—	—	1.688	1.500
23	1.750	—	—	—	—	—	—	1.750	见表 6

表 6　西伯利亚低额溞在浓度均为 0.000 033 75 mol/L 的亚硝酸钠溶液中体长增长情况

天数/d	实验组/mm								对照组/mm
	Y1	Y2	Y3	Y4	Y5	Y6	Y7	平均体长	
初始	0.625	0.625	0.575	0.600	0.625	0.650	0.650	0.621	0.625
1	0.625	0.625	0.625	0.600	0.625	0.725	0.650	0.639	0.675
2	0.625	0.675	0.625	0.675	—	—	0.650	0.650	0.675
3	0.625	0.675	0.625	0.800	—	—	0.650	0.675	0.725
4	0.650	0.675	0.675	0.800	—	—	0.650	0.690	0.725
5	0.650	—	0.675	0.875	—	—	—	0.733	0.825
6	0.650	—	0.700	0.875	—	—	—	0.742	0.875
7	0.650	—	—	0.925	—	—	—	0.788	1.100
8	—	—	—	1.000	—	—	—	1.000	1.100
9	—	—	—	1.000	—	—	—	1.000	1.100
10	—	—	—	1.175	—	—	—	1.175	1.200
11	—	—	—	1.200	—	—	—	1.200	1.250
12	—	—	—	1.200	—	—	—	1.200	1.250
13	—	—	—	1.225	—	—	—	1.225	1.250
14	—	—	—	1.250	—	—	—	1.250	1.325
15	—	—	—	1.325	—	—	—	1.325	1.325
16	—	—	—	见表 7	—	—	—	1.325	见表 7

表 7　西伯利亚低额溞在亚硝酸钠中体长增长部分数据(Y3 组与对照组)　单位:mm

天数/d	Y4	对照组	天数/d	Y4	对照组	天数/d	Y4	对照组
17	1.325	1.325	26	1.500	1.575	35	1.750	1.750
18	1.375	1.375	27	1.500	1.625	36	1.775	1.750
19	1.375	1.375	28	1.550	1.625	37	1.825	1.750
20	1.375	1.500	29	1.625	1.625	38	1.825	1.750
21	1.425	1.500	30	1.625	1.650	39	1.875	1.750
22	1.450	1.500	31	1.625	1.650	40	1.875	1.750
23	1.450	1.500	32	1.625	1.750	41	1.875	1.750
24	1.475	1.550	33	1.700	1.750	42	1.875	1.750
25	1.500	1.575	34	1.750	1.750	43	1.875	继续生长

从表 5、表 6 和表 7 的数据中还可以得出,西伯利亚低额溞在两种试剂溶液中的体长增长值不同。结合图 1 可以得出,西伯利亚低额溞在亚硝酸钠溶液中体长的增长速率与对照组中体长的增长速率相近,体长增长值在前期略低于对照组,在后期则稍高于对照组。同时,西伯利亚低额溞在 L-赖氨酸溶液中的体长增长速率比在亚硝酸钠溶液中和对照组中的快,无论前期还是后期,在其中生长的西伯利亚低额溞体长增长值都要比在亚硝酸钠溶液和对照组中的大。总体而言,西伯利亚低额溞在 L-赖氨酸中体长增长比在亚硝酸钠及对照组中快很多。

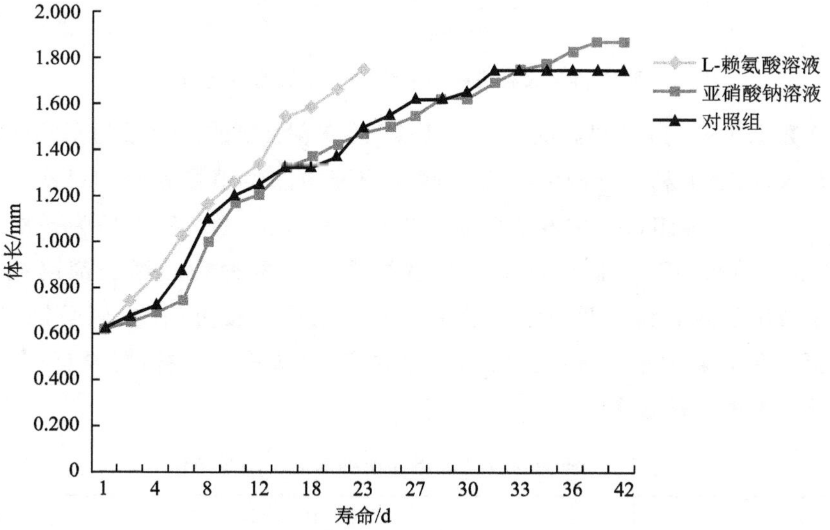

图 1　西伯利亚低额溞在不同试剂溶液中体长增长曲线

西伯利亚低额溞在两种溶液中的寿命如表 8 和图 2 所示,在 L-赖氨酸溶液中龄期为 7 龄,体长最大为 1.750 mm;在亚硝酸钠溶液中龄期为 11 龄,体长最大为 1.850 mm;在对照组(水)中的寿命超过 11 龄,体长最大为 1.750 mm(11 龄)。通过表 8 可以看出,相同龄期的西伯利亚低额溞在 L-赖氨酸溶液中的体长增长值比在亚硝酸钠溶液及对照组中的大。通过图 2 的斜率可以看出,在亚硝酸钠溶液中西伯利亚低额溞的体长增长速率与对照组中的相近,特别是后期与对照组重合;在 L-赖氨酸溶液中的体长增长速率比在亚硝酸钠溶液和对照组中的快。

表 8　各龄期西伯利亚低额溞在两种溶液中的体长增长情况　　单位:mm

龄期/个	1	2	3	4	5	6	7	8	9	10	11
L-赖氨酸溶液	0.775	0.950	1.125	1.275	1.500	1.600	1.750	—	—	—	—
亚硝酸钠溶液	0.600	0.750	0.900	1.000	1.200	1.350	1.450	1.525	1.625	1.750	1.850
对照组(水)	0.625	0.700	0.725	0.850	1.100	1.240	1.340	1.530	1.635	1.750	1.750

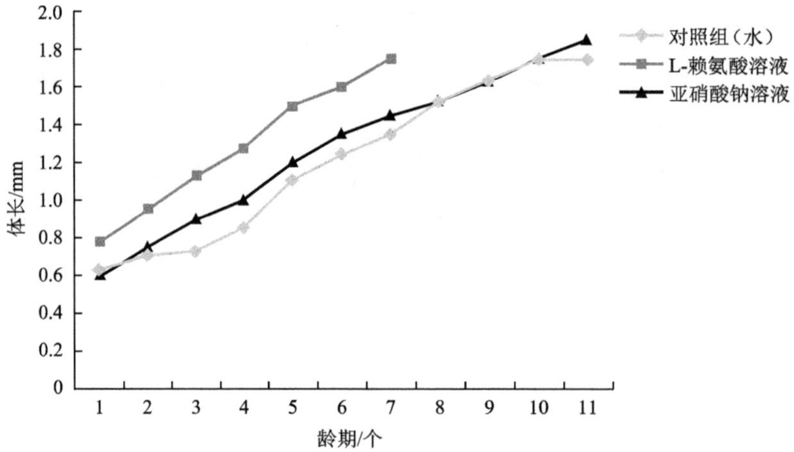

图 2　西伯利亚低额溞在两种溶液中体长随龄期增长情况

由表 9 数据可知,西伯利亚低额溞在 L-赖氨酸溶液中的生殖量为平均每次 3 个,总生殖次数是 5 次;西伯利亚低额溞在亚硝酸钠溶液中的生殖量为平均每次 2 个,总生殖次数也是 5 次;在对照组(水)中其生殖量为平均每次 3 个,总生殖次数为 6 次。通过图 3 可知,对照组中的西伯利亚低额溞的生殖次数要比在两种食品添加剂溶液中的多;在 L-赖氨酸溶液中的西伯利亚低额溞生殖量和对照组中的接近;在亚硝酸钠溶液中,第 3 次生殖量要比在 L-赖氨酸溶液中及对照组中的多,但从总体上看,则没有在 L-赖氨酸溶液中及对照组中的生殖量多。

表 9　西伯利亚低额溞在两种溶液中的生殖量

怀卵次数/次	1	2	3	4	5	6	平均数/个
L-赖氨酸溶液	3	4	3	4	3	—	3
亚硝酸钠溶液	1	1	4	1	1	—	2
对照组(水)	3	4	3	3	4	3	3

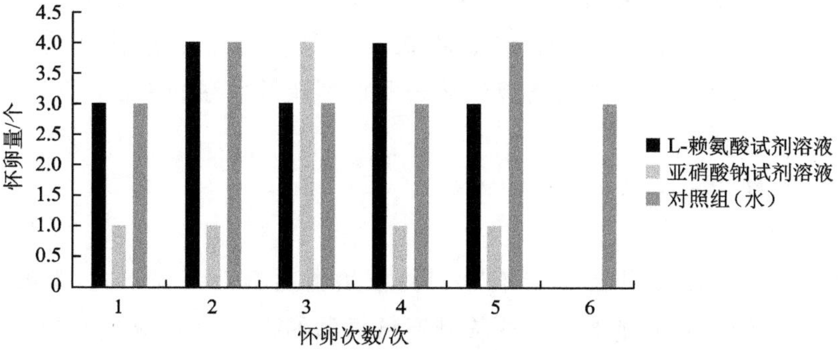

图 3　西伯利亚低额溞在两种溶液中的生殖量

3　讨　论

在预实验中，通过对两种枝角类在不同的食品添加剂溶液中的结果分析可得，碳酸氢钠对长刺溞的毒性比亚硝酸钠强，亚硝酸钠对西伯利亚低额溞的毒性比 L-赖氨酸强，说明不同食品添加剂对同种枝角类的毒性均不同。根据两种枝角类在亚硝酸钠中的生长情况可知，长刺溞能适应食品添加剂的剂量比西伯利亚低额溞稍大，说明亚硝酸钠溶液对西伯利亚低额溞毒性较强，同时也说明同一种食品添加剂对两种枝角类的毒性是不同的。

在枝角类培养实验过程中，不论是哪种枝角类所生活的水质对应的环境、pH 与无机物浓度均有所不同，而枝角类的生长需要不断地从外界获取营养以用来提供其生长、繁殖等生命活动所必需的能量。[11]因此，在实验过程中每个实验结果还是存在差异的。而在培养过程中设置对照组，主要目的是与两种食品添加剂溶液中的西伯利亚低额溞生长情况进行对比。同时，把对照组中的西伯利亚低额溞的生长情况作为参考，与低额溞属生活史相关的研究[12]数据进行比较，发现其在体长增长、龄期和寿命的长短等方面与其中的数据是较吻合的。在查阅并参考文献时发现，其第一次生殖量为(5.12±1.12)个，最多一次生殖量为(28.13±4.35)个，总的生殖量为 235 个[12]，与对照组中的数据有所不同，因此在对生殖量情况进行分析时，将以此结果作为参考。

通过分析培养实验的结果，在 L-赖氨酸溶液中，西伯利亚低额溞的龄期、体长增长量的斜率值较高，说明 L-赖氨酸溶液对西伯利亚低额溞的生长有明显的促进作用；在亚硝酸钠溶液中，西伯利亚低额溞体长增长速率与对照组的情况较相近，从结果可以得出亚硝酸钠溶液对其生长的影响并不大。从西伯利亚低额溞体长增长情况看，前期对照组中的略高于在亚硝酸钠溶液中的情况，而后期则相反。由生殖量结果分析，表 9 和图 3 所示的生殖量在 L-赖氨酸溶液中与对照组相似，高于在亚硝酸钠溶液中。总体而言，在两种食品添加剂溶液中的西伯利亚低额溞的生殖情况远不如在自然状态下的生殖情况好。经综合分析可以得出，L-赖氨酸对西伯利亚低额溞生长的影响程度最为明显，而亚硝酸钠对其生长的影响程度不是太大。

在培养实验中，西伯利亚低额溞在L-赖氨酸溶液中体长增长速率较快，其寿命在亚硝酸钠溶液中最长，而生殖量则在L-赖氨酸溶液中较多。总体而言，含量为微量(0.000 109 2 mol/L)的L-赖氨酸溶液较适合西伯利亚低额溞的生长。

4 实验结论

在预实验中，不同食品添加剂溶液对同种枝角类的毒性强弱不同，碳酸氢钠对长刺溞的毒性比亚硝酸钠强，亚硝酸钠对西伯利亚低额溞的毒性比L-赖氨酸强。同种食品添加剂对两种枝角类的毒性强弱不同，亚硝酸钠对西伯利亚低额溞的毒性比长刺溞的强。在培养实验中，含量为微量的L-赖氨酸溶液较适合西伯利亚低额溞的生长。

参考文献

[1] 蒋燮治，堵南山．中国动物志•淡水枝角类[M]．北京：科学出版社，1979．

[2] 陈书华．枝角类的培养及利用[J]．河北渔业，2003(4)：43-44．

[3] 刘占峰，王茜，王兰，等．洗衣粉对水生动物的毒性研究[J]．安徽农业科学，2007(11)：3 324-3 325．

[4] 李庭古．枝角类生物学特征及人工培养技术要点[J]．淮海工学院学报(自然科学版)，2001(S1)：6-7．

[5] 赵文，孙兆和，黄权，等．长春市淡水枝角类的研究[J]．吉林农业大学学报，1996(4)：72-77．

[6] 王静，唐亚，孙辉，等．嘉陵江中游江段枝角类的区系分布及其环境意义[J]．江西水产科技，2004(1)：13-18．

[7] 修瑞琴．大型水蚤生物测试技术研究进展[J]．国外医学(卫生学分册)，1990(6)：335-338．

[8] Francisco Sánchez-Bayo，Goka K. Influence of light in acute toxicity bioassays of imidacloprid and zinc pyrithione to zooplankton crustaceans[J]. Aquatic Toxicology (Amsterdam)，2006，78(3)：262-271．

[9]] 陆正和，阎斌伦，杨家新．枝角类生态毒理学研究进展[J]．水生态学杂志，2010，31(2)：106-110．

[10] 周永欣，章宗涉．水生生物毒性试验方法[M]．北京：农业出版社，1989．

[11] 徐善良，王丹丽．三种淡水枝角类海水驯化的比较研究[J]．上海水产大学学报，1998(3)：253-257．

[12] 黄小娜．淡水枝角类低额溞属的形态分类和分子系统学研究[D]．上海：华东师范大学，2014．

剑江河(都匀城区段)枝角类多样性与水质的关系

前　言

都匀属于贵州省黔南布依族苗族自治州，简称“匀”，东与丹寨、三都县毗连，南与独山、平塘县接壤，西与贵定县相邻，北与麻江县交界，是黔南布依族苗族自治州州府所在的地方，贵州南部政治、经济、文化中心，黔中经济区五大主要城市中心之一。[1]都匀市的大小河流总共有257条，总共长1 321 km。主要的河流为剑江河，主要的水库为青云水库、东匀水库等。其中发源于斗篷山的剑江河是都匀市的母亲河，在都匀市区流程91.2 km，集水面积1 152.6 km[2]，它由北至南蜿蜒曲折地流经都匀市区，使都匀市充满生机与活力，成为贵州乃至中国西部最美的城市之一。据调查，剑江河一年的平均温度在6.5～25.0 ℃，水域不结冰，因其拥有得天独厚的自然环境，为水生动物枝角类提供了良好的生存和繁殖场所。

枝角类，属于节肢动物门甲壳纲鳃足亚纲枝角目，大多分布于海水、淡水和内陆半咸水里。[3]目前为止，我国已发现的海水枝角类有5种，淡水枝角类约有200种。[3]

在淡水生态系统的食物网和能量转换中枝角类起重要的作用。[4]枝角类适应环境能力强，繁殖快，生长快，而且其干重达90%，营养丰富。[3]淡水枝角类主要滤食水中的细菌、单细胞藻类和原生动物[3]，还能摄取水中大量的有机碎屑，在净化水体过程中起着重要作用[5]；对毒性物质反应灵敏，是理想的水体毒理实验材料和污染指示生物[5]；其种类组成、数量变动上的特点在一定程度上反映了水体水质的好坏[6]。因此，枝角类物种种类的分布和丰富度，在一定程度上可测度水体的水质情况，为监测环境和保护水资源提供重要依据。[6]最近几年因都匀市经济发展迅速，城市人口增多，导致剑江河水体污染严重，尤其是城区段污染最为严重。每年政府为了治理河水污染都要花费巨资，但效果不明显。枝角类有净化水体的功能，所以对剑江河城区段枝角类与其水质关系的研究可为剑江河水体的治理和可持续发展提供重要的理论依据。

1 研究区域与方法

1.1 样点选择

根据剑江河水流特征，在城区段上游、中游至下游设置了灵智广场（LC）、帝景豪园（DY）、电信大楼（DL）、彩虹桥（CQ）、水榭花都（SD）、南沙洲（NZ）、云宫花城（YC）、马寨桥（MQ）共8个采集地。按灵智广场、帝景豪园、电信大楼、彩虹桥、水榭花都、南沙洲、云宫花城、马寨桥顺序逐月对剑江河8个采集地进行样品采集，时长为一年。

1.2 材料

1.2.1 实验材料

本实验所用的实验材料来自都匀市剑江河水域里的枝角类物种和剑江河河水。

1.2.2 采集工具

64 μm 浮游生物网、广口瓶、收集瓶。

1.2.3 实验用具

50 mL 小烧杯、培养皿、吸管、载玻片、Nikon80i 光学显微镜、水质分析仪、烧杯、离心管、解剖镜、笔、记录本。

1.3 实验方法

1.3.1 采集方法

根据枝角类在水域中占据的不同生态位、不同溞类具有的不同生活习性，采用水生生物学的采样方法进行样品采集。使用64 μm 浮游生物网于水平及垂直方向按“∞”字形在河水中分别以水的表、中、底、左右和上下来回进行捕捞，重复几次，然后将网内采集到的枝角类收集到事先准备好的广口瓶内。再把广口瓶中的水样倒入收集瓶中。每个采样点采集两瓶水样，一瓶用于枝角类物种鉴定，另一瓶则用于水质检测，在每瓶水样上贴上标签，写上时间、地点，带回实验室处理。采集时间在每月的月末或下个月的月初，总共10 d。因为要避免在下雨天采集样品，采集时选择在晴天或者雨后几天[3,7]，以便为实验提供较稳定的条件。采样时选择水域水流平静且含有水生植物的地方，如果水流太急，枝角类水生生物因体积小会被水冲走，枝角类一般都生活在含有水生植物的水域。[3]

将采集回来含有物种的水样用浮游生物网进行过滤；然后再把网放在盛有清水的培养皿中冲洗几下，直至网中的生物全都被转入培养皿中为止；接下来把培养皿放在解剖镜下观察，在解剖镜下挑选出枝角类并放在载玻片上，把载玻片置于光学显微镜下观察并对其拍照，重复此步骤直至把培养皿中所含的不同枝角类物种全部挑选完并拍完照为止。枝角类样品鉴定根据《中国动物志·淡水枝角类》进行。[3]鉴定到种，统计出每个物种的数目及所属科属的情况。[8,9]

1.3.2　理化因子测定

将采集的另一瓶水样在实验室进行水质检测即理化因子的测定[10]，并将检测到的数据进行统计分析。

枝角类的物种多样指数，采用以下公式计算：

Shannon-Wiener 多样性指数(H)：

$$H = -\sum(n_i/N)\log(2n_i/N)$$

式中，n_i 为 i 种的个体数；N 为总个体数。

均匀度指数(J)：

$$J = H/\ln S$$ [11]

式中，S 为种数。

2　结果与分析

2.1　各采样点枝角类组成

在灵智广场(LC)、帝景豪园(DY)、电信大楼(DL)、彩虹桥(CQ)、水榭花都(SD)、南沙洲(NZ)、云宫花城(YC)、马塞桥(MQ)采样点共采集到枝角类 5 科 12 属 17 种，见表 1。其中，溞科(Daphniidae)4 属 6 种，盘肠溞科(Chydoridae)4 属 5 种，裸腹溞科(Moinidae)1 属 3 种，象鼻溞科(Bosminidae)1 属 1 种，粗毛溞科(Macrothricidae)2 属 2 种。溞科的物种种类较多，其中西伯利亚低额溞(*Simocephalus sibiricus*)为稀有种，盘肠溞亚科的球形伪盘肠溞(*Pseudochydorus globosus*)和尖额溞亚科的吻状异尖额溞(*Disparalona rostrata*)为我国所特有种。

表 1　剑江河城区江段各个采样点枝角类物种统计

科名	属名	种名	采样点
溞科	溞属	蚤状溞	LC
	网纹溞属	方形网纹溞	DL,MQ,NZ,CQ
	低额溞属	老年低额溞	DL,DY, LC,MQ,YC,NZ,CQ,SD
		拟老年低额溞	DL,DY,MQ,YC,NZ,SD
		西伯利亚低额溞	DL,CQ
	船卵溞属	平突船卵溞	DL,DY,MQ,YC,CQ

续表

科名	属名	种名	采样点
盘肠溞科	尖额溞属	无纹尖额溞	DL,DY,YC,SD
	异尖额溞属	吻状异尖额溞	LC,MQ,CQ,DL,YC,DY
	盘肠溞属	球形伪盘肠溞	DL
		圆形盘肠溞	DL,DY,LC,MQ,YC,NZ,CQ,SD
	平直溞属	三角平直溞	MQ,CQ
裸腹溞科	裸腹溞属	直额裸腹溞	DL,YC,CQ,LC,NZ
		微型裸腹溞	DL,DY,LC,NZ,YC
		发头裸腹溞	MQ
象鼻溞科	象鼻溞属	长额象鼻溞	LC,NZ,DL,CQ,DY
粗毛溞科	粗毛溞属	粉红粗毛溞	MQ
	泥溞属	底栖泥溞	DL,MQ,YC,CQ,SD,NZ

2.2 枝角类每月变化及密度动态

2.2.1 枝角类优势种变化情况

马寨桥采样点的枝角类优势种，1～3 月、12 月是老年低额溞，4～7 月是方形网纹溞，8～11 月是平突船卵溞；帝景豪园采样点的枝角类优势种，1～3 月和 10～12 月是长额象鼻溞，4～6 月和 8～9 月是平突船卵溞，7 月是微型裸腹溞；彩虹桥采样点的枝角类优势种，1～2 月是直额裸腹溞，3～8 月是平突船卵溞，9～12 月是直额裸腹溞；南沙洲采样点的枝角类优势种，1～2 月是方形网纹溞，3～6 月是长额象鼻溞，7～12 月是方形网纹溞；灵智广场采样点的枝角类优势种，1～2 月和 11～12 月是蚤状溞，3～5 月是直额裸腹溞，6～8 月是圆形盘肠溞，9～10 月是老年低额溞；电信大楼采样点的枝角类优势种，1～2 月是吻状异尖额溞，3～6 月和 8 月是圆形盘肠溞，9～12 月和 7 月是长额象鼻溞；水榭花都采样点的枝角类优势种，1 月、2 月没采集到水样，3～4 月是老年低额溞，5～6 月是底栖泥溞，7～8 月是圆形盘肠溞，9～12 月是老年低额溞；云宫花城采样点的枝角类优势种，1～2 月是直额裸腹溞，3～9 月是平突船卵溞，10～12 月是直额裸腹溞，见表 2。

表 2 剑江河城区江段各个采样点枝角类优势种统计表

月份/月 \ 地点	云宫花城	马寨桥	灵智广场	彩虹桥	南沙洲	帝景豪园	电信大楼	水榭花都
1	直额裸腹溞	老年低额溞	蚤状溞	直额裸腹溞	方形网纹溞	长额象鼻溞	吻状异尖额溞	无
2	直额裸腹溞	老年低额溞	蚤状溞	直额裸腹溞	方形网纹溞	长额象鼻溞	吻状异尖额溞	无
3	平突船卵溞	老年低额溞	直额裸腹溞	平突船卵溞	长额象鼻溞	长额象鼻溞	圆形盘肠溞	老年低额溞

续表

地点 月份/月	云宫花城	马寨桥	灵智广场	彩虹桥	南沙洲	帝景豪园	电信大楼	水榭花都
4	平突船卵溞	方形网纹溞	直额裸腹溞	平突船卵溞	长额象鼻溞	平突船卵溞	圆形盘肠溞	老年低额溞
5	平突船卵溞	方形网纹溞	直额裸腹溞	平突船卵溞	长额象鼻溞	平突船卵溞	圆形盘肠溞	底栖泥溞
6	平突船卵溞	方形网纹溞	圆形盘肠溞	平突船卵溞	长额象鼻溞	平突船卵溞	圆形盘肠溞	底栖泥溞
7	平突船卵溞	方形网纹溞	圆形盘肠溞	平突船卵溞	方形网纹溞	微型裸腹溞	长额象鼻溞	圆形盘肠溞
8	平突船卵溞	平突船卵溞	圆形盘肠溞	平突船卵溞	方形网纹溞	平突船卵溞	圆形盘肠溞	圆形盘肠溞
9	平突船卵溞	平突船卵溞	老年低额溞	直额裸腹溞	方形网纹溞	平突船卵溞	长额象鼻溞	老年低额溞
10	直额裸腹溞	平突船卵溞	老年低额溞	直额裸腹溞	方形网纹溞	长额象鼻溞	长额象鼻溞	老年低额溞
11	直额裸腹溞	平突船卵溞	蚤状溞	直额裸腹溞	方形网纹溞	长额象鼻溞	长额象鼻溞	老年低额溞
12	直额裸腹溞	老年低额溞	蚤状溞	直额裸腹溞	方形网纹溞	长额象鼻溞	长额象鼻溞	老年低额溞

2.2.2 各采样点枝角类的多样性变化情况

从表3中可见每个月的物种及其多样性和均匀度变化情况，其中5月和7月电信大楼采样点的物种数量最多，为10种，2月彩虹桥采样点的物种数量最少，为1种；11月马寨桥的多样性最大，为2.764，2月彩虹桥的多样性最小，为0；2月电信大楼的均匀度最大，为1.421，2月彩虹桥的均匀度最小，为0。

表3 各采样点枝角类多样性月动态情况

月份/月	项目	马寨桥	帝景豪园	彩虹桥	南沙洲	灵智广场	电信大楼	水榭花都	云宫花城
1	种类数 S	6	3	2	3	2	5	0	6
	多样性 H	2.260	1.401	0.917	1.378	0.764	2.101	0	1.451
	均匀度 J	1.261	1.275	1.323	1.254	1.102	1.305	0	0.809
2	种类数 S	4	4	1	3	2	4	2	4
	多样性 H	1.936	1.845	0	1.406	0.722	1.957	1	1.787
	均匀度 J	1.397	1.331	0	1.280	1.042	1.412	1.443	1.290
3	种类数 S	8	6	5	3	4	8	4	7
	多样性 H	2.609	1.748	2.043	1.459	1.360	2.350	1.862	2.332
	均匀度 J	1.255	0.976	1.270	1.328	0.981	1.130	1.343	1.198
4	种类数 S	9	6	8	5	6	8	3	7
	多样性 H	2.656	1.698	2.388	1.549	1.821	2.190	1.546	2.305
	均匀度 J	1.209	0.948	1.148	0.962	1.016	1.053	1.407	1.185

续表

月份/月	项目	马寨桥	帝景豪园	彩虹桥	南沙洲	灵智广场	电信大楼	水榭花都	云宫花城
5	种类数 S	9	8	7	5	5	10	1	7
	多样性 H	2.656	2.596	2.350	1.742	1.520	2.140	0	2.266
	均匀度 J	1.209	1.248	1.208	1.082	0.944	0.929	0	1.164
6	种类数 S	7	4	5	4	6	7	3	5
	多样性 H	2.021	1.509	0.955	1.663	2.146	2.388	1.485	1.870
	均匀度 J	1.039	1.089	0.593	1.200	1.198	1.227	1.352	1.162
7	种类数 S	7	7	3	4	5	10	2	7
	多样性 H	2.028	2.293	1.252	1.765	1.598	2.696	0.811	2.338
	均匀度 J	1.042	1.178	1.140	1.273	0.993	1.171	1.170	1.201
8	种类数 S	6	5	2	4	5	9	4	6
	多样性 H	2.321	1.864	0.971	1.198	1.170	2.400	1.526	2.087
	均匀度 J	1.295	1.158	1.401	0.864	0.727	1.092	1.100	1.165
9	种类数 S	8	6	3	5	7	8	4	6
	多样性 H	2.751	2.127	1.323	2.046	2.143	2.453	1.728	2.048
	均匀度 J	1.323	1.187	1.204	1.271	1.101	1.180	1.246	1.143
10	种类数 S	9	6	4	5	5	8	3	7
	多样性 H	2.610	1.650	0.925	1.641	1.774	2.359	1.406	2.585
	均匀度 J	1.188	0.921	0.667	1.020	1.102	1.134	1.280	1.328
11	种类数 S	8	5	4	6	3	8	2	6
	多样性 H	2.764	1.856	1.336	1.793	1.309	2.476	0.918	2.115
	均匀度 J	1.329	1.153	0.964	1.000	1.192	1.191	1.324	1.180
12	种类数 S	7	5	4	6	3	7	3	5
	多样性 H	2.316	1.656	1.578	2.138	1.258	2.238	1.802	1.857
	均匀度 J	1.190	1.029	1.138	1.193	1.145	1.150	1.640	1.154

2.2.3 各采样点的理化因子

各个采样点一年之中的pH变化如图1所示，马寨桥采样点区段的剑江河水pH为6.77～8.00，帝景豪园采样点区段的剑江河水pH为7.16～8.18，彩虹桥采样点区段的剑江河水pH为7.20～8.14，南沙洲采样点区段的剑江河水pH为7.24～8.00，灵智广场采样点区段的剑江河水pH为6.68～8.31，电信大楼采样点区段的剑江河水pH为7.28～8.22，水榭花都采样点区段的剑江河水pH为6.96～8.09，云宫花城采样点区段的剑江河水pH为7.29～8.24。综上所述，都匀城区段剑江河的pH范围为6.68～8.31。

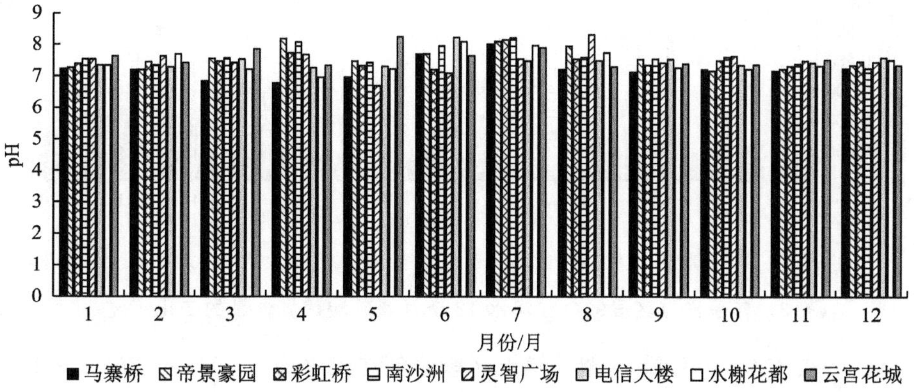

图 1　各采样点区段的剑江河水 pH 的月变化情况

各采样点 12 个月的氨氮含量变化如图 2 所示，马寨桥采样点区段的剑江河水为 0.297～1.430 mg/L，帝景豪园采样点区段的剑江河水为 0.090～0.570 mg/L，彩虹桥采样点区段的剑江河水为 0.280～2.410 mg/L，南沙洲采样点区段的剑江河水为 0.210～1.960 mg/L，灵智广场采样点区段的剑江河水为 0.340～2.620 mg/L，电信大楼采样点区段的剑江河水为 0.130～0.628 mg/L，水榭花都采样点区段的剑江河水为 0.180～1.460 mg/L，云宫花城采样点区段的剑江河水为 0.440～1.800 mg/L。综上所述，都匀城区段的剑江河的氨氮含量范围为 0.090～2.620 mg/L。

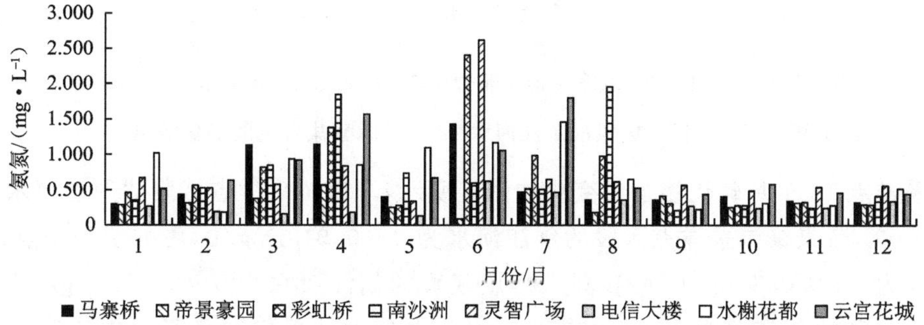

图 2　各采样点区段的剑江河水 12 个月氨氮含量的变化情况

各采样点 12 个月的亚硝酸盐含量变化如图 3 所示，马寨桥采样点区段的剑江河水为 0.022～0.160 mg/L，帝景豪园采样点区段的剑江河水为 0.003～0.570 mg/L，彩虹桥采样点区段的剑江河水为 0.033～0.420 mg/L，南沙洲采样点区段的剑江河水为 0.016～0.219 mg/L，灵智广场采样点区段的剑江河水为 0.006～0.308 mg/L，电信大楼采样点区段的剑江河水为 0～0.088 mg/L，水榭花都采样点区段的剑江河水为 0.022～0.190 mg/L，云宫花城采样点区段的剑江河水为 0.027～0.179 mg/L。综上所述，都匀城区段的剑江河的亚硝酸盐氮含量范围为 0～0.570 mg/L。

各采样点 12 个月磷酸盐含量变化如图 4 所示，马寨桥采样点区段的剑江河水为 0～0.356 mg/L，帝景豪园采样点区段的剑江河水为 0～0.124 mg/L，彩虹桥采样点区段的剑江

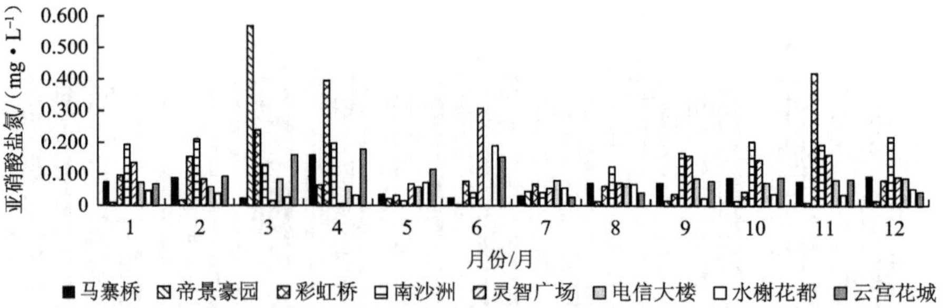

图 3　各采样点区段的剑江河水 12 个月亚硝酸盐氮含量的变化情况

河水为 0.027～0.274 mg/L，南沙洲采样点区段的剑江河水为 0.053～0.753 mg/L，灵智广场采样点区段的剑江河水为 0.026～0.280 mg/L，电信大楼采样点区段的剑江河水为 0.011～0.643 mg/L，水榭花都采样点区段的剑江河水为 0～0.161 mg/L，云宫花城采样点区段的剑江河水为 0.007～0.262 mg/L。综上所述，都匀城区段水的磷酸盐含量范围为 0～0.753 mg/L。

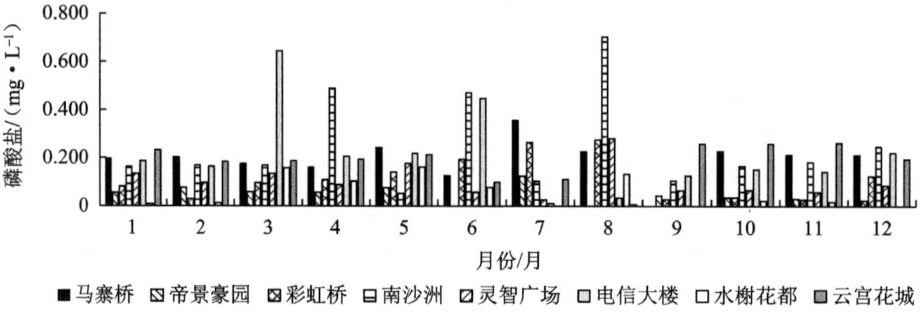

图 4　各采样点区段的剑江河水 12 个月磷酸盐含量的变化情况

各采样点 12 个月硫化物含量变化如图 5 所示，马寨桥采样点区段的剑江河水为 0～0.014 mg/L，帝景豪园采样点区段的剑江河水为 0～0.013 mg/L，彩虹桥采样点区段的剑江河水为 0～0.058 mg/L，南沙洲采样点区段的剑江河水为 0～0.012 mg/L，灵智广场采样点区段的剑江河水为 0～0.052 mg/L，电信大楼采样点区段的剑江河水为 0～0.036 mg/L，水榭花都采样点区段的剑江河水为 0～0.032 mg/L，云宫花城采样点区段的剑江河水为 0～0.012 mg/L。综上所述，都匀城区段水的硫化物含量范围为 0～0.058 mg/L。

各采样点 12 个月铜含量变化如图 6 所示，马寨桥采样点区段的剑江河水为 0～0.082 mg/L，帝景豪园采样点区段的剑江河水为 0.004～0.318 mg/L，彩虹桥采样点区段的剑江河水为 0～0.047 mg/L，南沙洲采样点区段的剑江河水为 0.002～0.045 mg/L，灵智广场采样点区段的剑江河水为 0.005～0.069 mg/L，电信大楼采样点区段的剑江河水为 0～0.274 mg/L，水榭花都采样点区段的剑江河水为 0～0.053 mg/L，云宫花城采样点区段的剑江河水为 0～0.052 mg/L。综上所述，都匀城区水的铜含量范围为 0～0.318 mg/L。

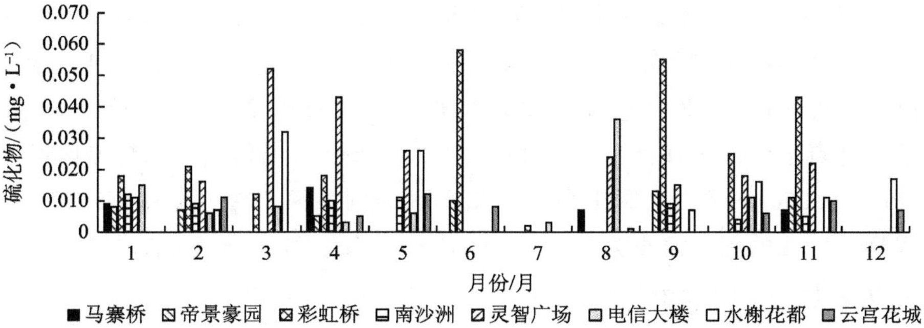

图 5　各采样点区段的剑江河水 12 个月硫化物含量的变化情况

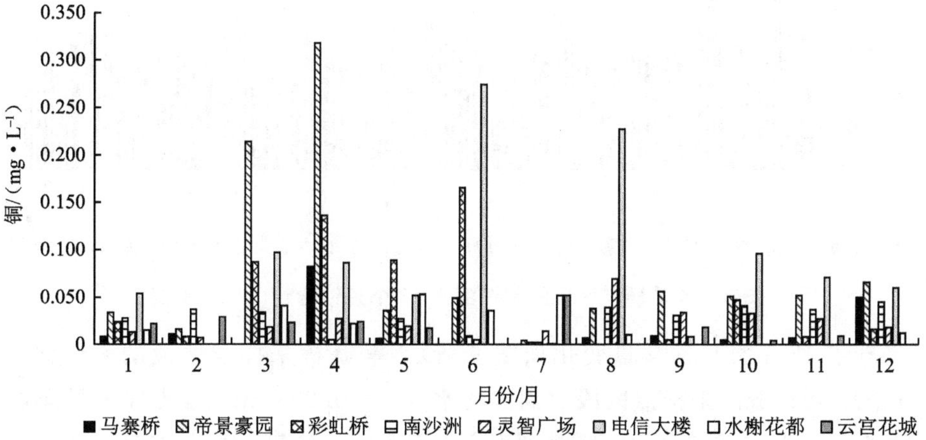

图 6　各采样点区段的剑江河水 12 个月铜含量的变化情况

各采样点 12 个月余氯含量变化如图 7 所示，马寨桥采样点区段的剑江河水为 0～0.175 mg/L，帝景豪园采样点区段的剑江河水为 0～0.088 mg/L，彩虹桥采样点区段的剑江河水为 0～0.274 mg/L，南沙洲采样点区段的剑江河水为 0～0.017 mg/L，灵智广场采样点区段的剑江河水为 0.005～0.034 mg/L，电信大楼采样点区段的剑江河水为 0～0.504 mg/L，水榭花都采样点区段的剑江河水为 0～0.033 mg/L，云宫花城采样点区段的剑江河水为 0～0.027 mg/L。综上所述，都匀城区段水的余氯含量范围为 0～0.504 mg/L。

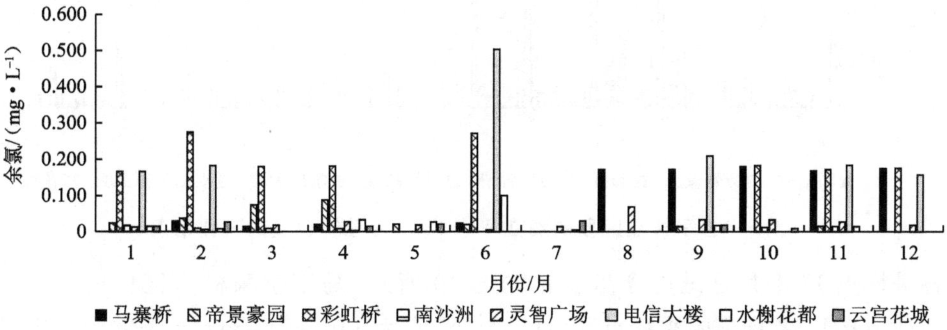

图 7　各采样点区段的剑江河水 12 个月余氯含量的变化情况

各采样点 12 个月铬含量变化如图 8 所示，马寨桥采样点区段的剑江河水为 0.100～0.173 mg/L，帝景豪园采样点区段的剑江河水为 0.113～0.228 mg/L，彩虹桥采样点区段的剑江河水为 0.001～0.231 mg/L，南沙洲采样点区段的剑江河水为 0.073～0.172 mg/L，灵智广场采样点区段的剑江河水为 0.111～0.229 mg/L，电信大楼采样点区段的剑江河水为 0.064～0.264 mg/L，水榭花都采样点区段的剑江河水为 0.057～0.217 mg/L，云宫花城采样点区段的剑江河水为 0.123～0.186 mg/L。综上所述，都匀城区段水的铬含量范围为 0.001～0.264 mg/L。

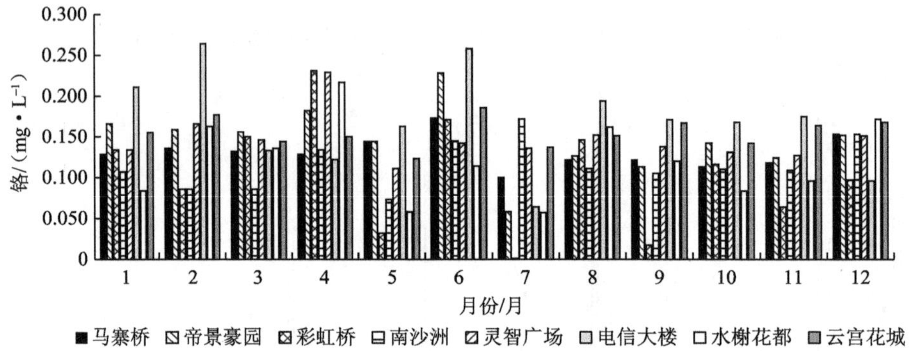

图 8　各采样点区段的剑江河水 12 个月铬含量的变化情况

各采样点 12 个月总铁含量变化如图 9 所示，马寨桥采样点区段的剑江河水为 0～0.409 mg/L，帝景豪园采样点区段的剑江河水为 0～0.293 mg/L，彩虹桥采样点区段的剑江河水为 0.002～0.867 mg/L，南沙洲采样点区段的剑江河水为 0.005～0.265 mg/L，灵智广场采样点区段的剑江河水为 0.014～0.630 mg/L，电信大楼采样点区段的剑江河水为 0.060～0.340 mg/L，水榭花都采样点区段的剑江河水为 0～0.294 mg/L，云宫花城采样点区段的剑江河水为 0.024～0.152 mg/L。综上所述，都匀城区段水的总铁含量范围为 0～0.867 mg/L。

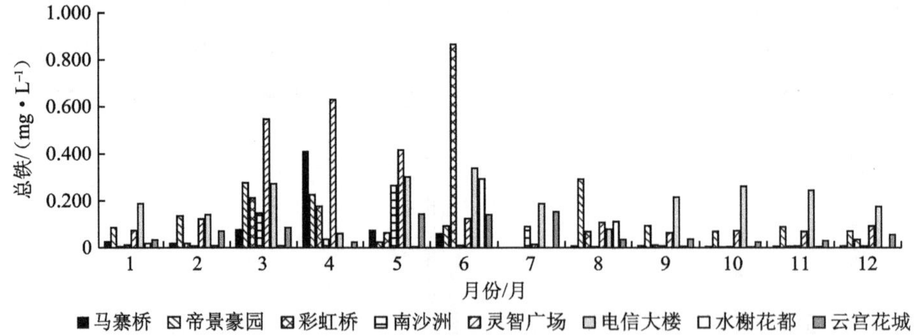

图 9　各采样点区段的剑江河水 12 个月总铁含量的变化情况

各采样点 12 个月总碱度含量变化如图 10 所示，马寨桥采样点区段的剑江河水为 152～212 mg/L，帝景豪园采样点区段的剑江河水为 110～217 mg/L，彩虹桥采样点区段的剑江河水为 124～213 mg/L，南沙洲采样点区段的剑江河水为 105～246 mg/L，灵智广场采样点区段的剑江河水为 120～167 mg/L，电信大楼采样点区段的剑江河水为 111～209 mg/L，水榭花都采样点区段的剑江河水为 72～252 mg/L，云宫花城采样点区段的剑江河水为 104～254 mg/L。综上所述，都匀城区段水的总碱度含量范围为 72～254 mg/L。

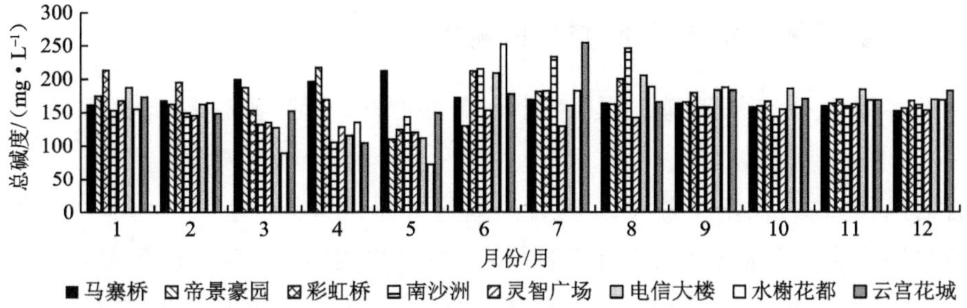

图 10　各采样点区段的剑江河水 12 个月总碱度含量的变化情况

各采样点总硬度含量如图 11 所示，马寨桥采样点区段的剑江河水为 151～229 mg/L，帝景豪园采样点区段的剑江河水为 163～425 mg/L，彩虹桥采样点区段的剑江河水为 139～309 mg/L，南沙洲采样点区段的剑江河水为 137～376 mg/L，灵智广场采样点区段的剑江河水为 122～305 mg/L，电信大楼采样点区段的剑江河水为 148～497 mg/L，水榭花都采样点区段的剑江河水为 63～396 mg/L，云宫花城采样点区段的剑江河水为 155～435 mg/L。综上所述，都匀城区段水的总硬度含量范围为 63～497 mg/L。

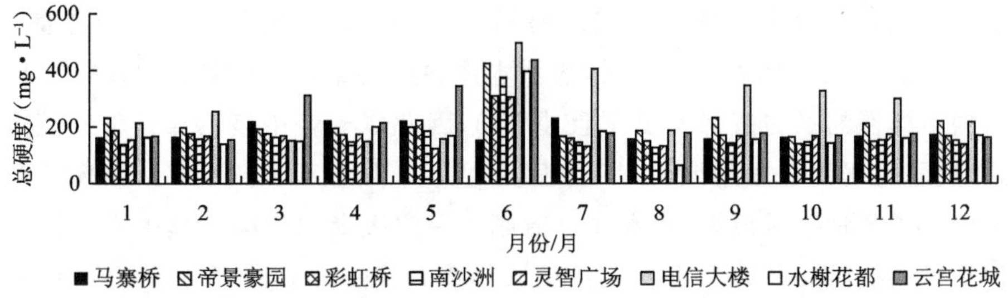

图 11　各采样点区段的剑江河水 12 个月总硬度含量的变化情况

全年每月的平均气温如图 12 所示，1 月和 12 月温度最低，为 6.5 ℃；8 月温度最高，为 25 ℃。

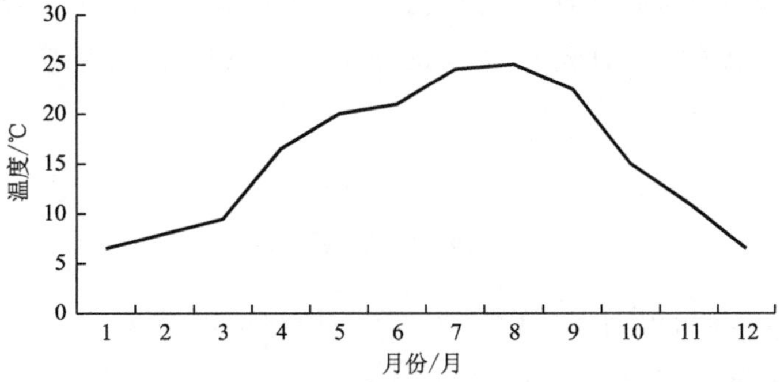

图 12　每月的平均温度

3 讨 论

3.1 温度对枝角类多样性变化的影响

物种的多样性是表征群落结构特征的重要指标，包括物种种类数和均匀度两个方面。[7]

所有的采样点中，枝角类种类最多的是电信大楼采样点，有12种，多样性平均值为2.312；最少的是水榭花都采样点，有5种，多样性平均值为1.174。由于都匀属亚热带季风湿润气候，冬无严寒，夏无酷暑，平均温度为6.5～25 ℃。由测得的数据分析可知，12个月的枝角类物种数相差都不是很大。但是还是可以看出，1月、2月、3月、11月、12月由于气温相比其他月份要低一些，物种数也相对较少，这和李娟等[12]的“太湖梅梁湾浮游甲壳动物群落结构及其环境因子的相互关系”中的结论是一致的。冬、春两季的枝角类物种数要低于其他季节，即1月、2月、11月、12月的枝角类物种数要低于其他月份。

3.2 水质对枝角类多样性变化的影响

由文中的数据分析可知，没有发现多样性和均匀度的变化规律，每一个采样点的数据都是不规律变化。范凯等的研究结果显示：若 $H<1$ 时，表示水体污染严重；若 $H=1\sim2$ 时，表示轻中度污染；若 $H>3$ 时，表示水体轻度污染。[13]从文中的数据分析可知，8个采样点的多样性的平均值都大于1且小于3，因此属于轻中度污染。8个采样点都在城区内，靠近居民居住地方，所以都不同程度地受到了生活污水污染。在采样点附近和水体里还发现了各种生活垃圾，对水体也造成了一定程度的污染。其中彩虹桥、南沙洲、水榭花都采样点的污染最为严重。无污染或轻度污染的水体中浮游动物和水生动物种类一般都比较多，在重度污染的水体中，几乎没有水生生物能生存，除少数种类的细菌外。[10]从表3中可知，均匀度高的采样点较均匀度低的采样点的枝角类种类多，说明水质越好的水体里枝角类物种越多。并且在8个采样点中我们不仅采集到了枝角类，还采集到了一些其他浮游动物和水生动物，如轮虫、线虫和棒鞘虫，鱼、虾、蚂蟥和蜻蜓幼虫等，在水质越好的采样点采集到的这些物种也越多。因此说明，都匀市剑江河的水质总体上污染还比较轻。

参 考 文 献

[1] https://www.sogou.com/sie? hdq=AQxRG-0000&query=都匀 &ie=utf8.

[2] https://wapbaike.baidu.com/item/剑江.

[3] 蒋燮治，堵南山. 中国动物志·淡水枝角类 [M]. 北京：科学出版社，1979.

[4] 陈伟民，秦伯强. 太湖梅梁湾冬末春初浮游动物时空变化及其环境意义[J]. 湖泊科学，1998(4)：10-16.

[5] 窦素珍，喻亲仁，李东元，等. 山东省东平湖浮游动物与富营养化防治[J]. 重庆环境科学，2002(2)：58-68.

[6] 陈菊芳，江天九，杞桑，等. 广东肇庆星湖浮游甲壳类的生态调查[J]. 动物学杂志，2001(6)：29-33.

[7] 陈椽，龙胜兴，任启飞，等. 亚热带喀斯特水库桡足类和枝角类动物群落季节变化：以贵州红枫湖、百花湖、阿哈水库为例[J]. 中国岩溶，2010，29(1)：55-61.

[8] 黄祥飞. 三种淡水枝角类生物学的研究[J]. 海洋与湖沼，1985(3)：188-195.

[9] 王静，唐亚，孙辉，等. 嘉陵江中游江段枝角类的区系分布及其环境意义[J]. 江西水产科技，2004(1)：13-18.

[10] 王博，廖剑宇，刘全儒，等. 东江干流浮游动物群落结构特征及与水质的关系[J]. 北京师范大学学报(自然科学版)，2013，49(6)：608-612.

[11] 李共国，虞左明. 大型深水湖泊：千岛湖枝角类的多样性[J]. 动物学杂志，2002(3)：41-44.

[12] 李娟，温周瑞，李庚辰，等. 太湖梅梁湾和贡湖湾浮游甲壳动物群落结构及其与环境因子的相互关系[J]. 长江流域资源与环境，2014，23(S1)：81-90.

[13] 范凯，李清雪. 渤海湾浮游动物群落结构及水质生物学评价[J]. 安徽农业科学，2007，(6)：1 697-1 699.